KB215557

우리 학교에
AI 선생님이
등장한다면?

10대 이슈톡_12

우리 학교에 AI 선생님이 등장한다면?

초판 1쇄 발행 2025년 6월 5일

지은이 백기락
펴낸곳 글라이더
펴낸이 박정화
편집 이고운
디자인 디자인뷰
마케팅 임호

등록 2012년 3월 28일(제2012-000066호)
주소 경기도 고양시 덕양구 화중로 130번길 32 파스텔프라자 405호
전화 070) 4685-5799 **팩스** 0303) 0949-5799
이메일 gliderbooks@hanmail.net
블로그 https://blog.naver.com/gliderbook
ISBN 979-11-7041-170-3(43560)

10대 이슈톡 ⑫ Teenage Issue Talk

백기락 지음

우리 학교에

AI 선생님이

등장한다면?

글라이더

사회에 도전하는 취업 현장에서, 치열한 경쟁 속에서 승부를 걸어야 하는 경쟁의 현장에서, 저는 때로는 파트너로, 강사로, 컨설턴트로 일해 왔습니다. 때로는 수십 명의 직원을 둔 대표로, 때로는 1인 기업으로, '어떻게 하면 변화 속에서 살아남을 수 있을까'를 고민해 왔습니다. 그러다 보니 어느새 학부모가 되었고, 두 아이의 아빠로서 자녀의 미래를 고민하게 되었습니다.

2019년, 아이들을 위해 시작한 '아빠와 함께하는 미래학교' 프로젝트는 교육에 대한 제 고민을 단지 고민에 그치지 않고, '무언가 바꾸어야겠다'는 결심을 행동으로 옮긴 사례였습니다. 아이들의 교과서를 함께 읽고, 학교의 커리큘럼을 접해 보고, 미래 직업에 대한

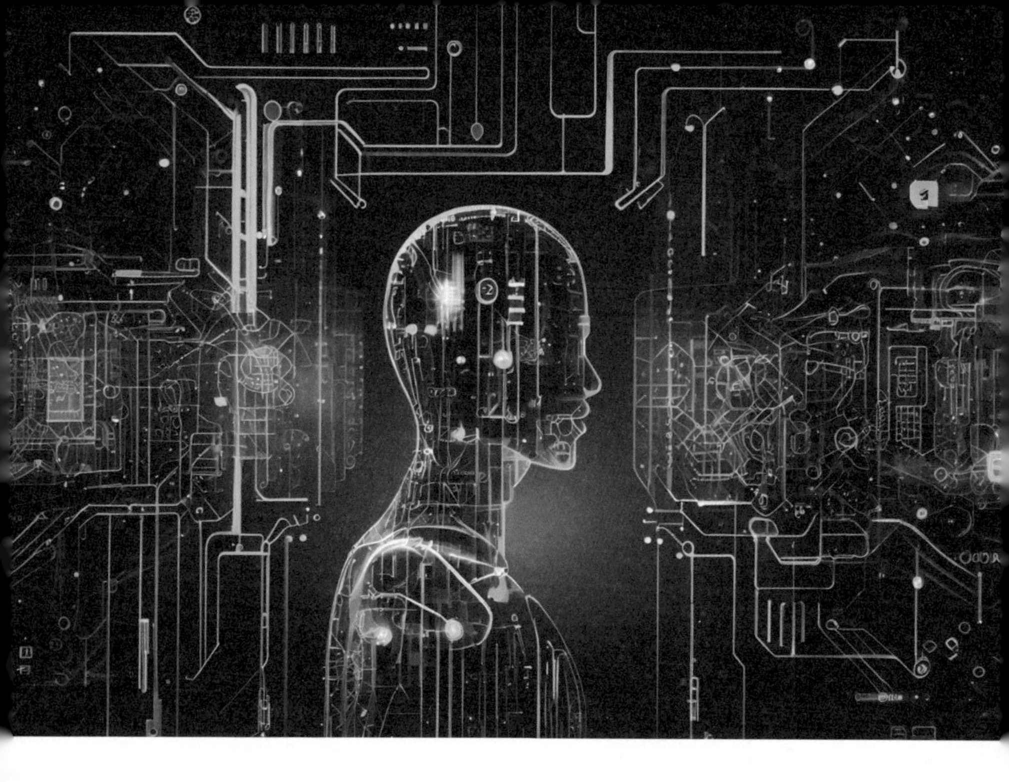

고민을 담아 아이들과 이야기하며, 주변의 선생님들과 정보를 주고받았습니다. 그리고 수년의 시간이 흐른 끝에, 이 책이 탄생하게 되었습니다. 비록 고민의 시작은 제 개인적인 것이었지만, 이 책의 곳곳에는 수많은 분의 고민과 기여가 담겨 있습니다. 처음에는 두 아이를 위해 시작했지만, 수많은 학생과 선생님의 고민도 조금이나마 풀어 드릴 수 있는 내용이 되기를 바랍니다.

AI와 로봇 기술의 발전은 이제 멈출 수도, 늦출 수도 없습니다. 마치 바람이 불고, 파도가 치듯 이제는 피할 수 없는 환경으로 여겨야 할 때가 아닌가 싶습니다. 조용한 봄바람은 시원하고, 여름의 잔잔한 파도는 낭만이 될 수 있지만, 태풍 속 비바람은 우리를 쓰러뜨리고, 높은 파도는 배를 침몰시키기도 합니다. 그래서 우리는 바람을 막는 방풍벽을 세우고, 때로는 파도 속에서 잠수함을 타고 움직이기도 하죠.

AI와 로봇의 빠르고 거센 변화 속에서 우리의 방풍벽과 잠수함이 되어 줄 수 있는 요소와 방법이 학교 현장에서 구현된다면, 얼마나 멋질까요? 이 책 속 수많은 글이 그 과정에 작은 보탬이 되었으면 좋겠습니다. 오늘도 대한민국 교육 현장에서 수고하시는 선생님과 미래를 위해 공부하는 학생을 응원합니다.

Best AI Coach

백기락

차례

1장

[도입] 인공지능 마주하기

2040년, 홀로그램 광고가 거리에 출현하고, 사람들은 고글을 쓰고 다니며, 드론과 자율주행 차량으로 이동하는 모습. 인간형 로봇도 사람들처럼 함께 하는 미래 [Google Imagen3]

인공지능
꼭 배워야 하나요?

기억도 날까 말까 하는 기술과 공업

인공지능을 공부하는 학생들에게 꼭 들려주는 이야기가 있습니다. 제가 중학교 때였는지 고등학교 때였는지, 기억은 잘 나지 않지만, 자동차의 구조에 대해 배운 적이 있습니다. 어렴풋이 기억나는 내용은 자동차 엔진의 구조가 연료에 따라 2행정 기관과 4행정 기관으로 나뉜다는 것, 자동차의 동력 전달 구조가 어쩌고저쩌고 하는 이야기였습니다. 지금처럼 자율주행이 언제 실현될지를 고민하는 시대에, 그런 내용이 무슨 쓸모가 있을까 싶을 수도 있습니다. 하지만 놀랍게도, 운전면허증은 언젠가 사라질지 몰라도 자율주행 자동차의 구조에 대해서는 여전히 배울 가치가 있다는 점입니다.

전기자동차는 엔진의 개수와 위치에 따라 동력이 네 바퀴에 한꺼번에 전달되기도 하고, 각 바퀴마다 개별적으로 전달되기도 합니다. 아직 각 바퀴마다 동력이 전달되는 전기자동차가 상용화되진 않았지만, 고속열차처럼 객차마다 동력이 분산되어 있는 '동력분산식 열차'의 개념을 떠올려 보면, 바퀴마다 엔진이 달린 자동차는 기존 자동차가 구현하지 못했던 다양한 움직임을 가능하게 만들 수도 있지요. 이런 이야기도 기존의 자동차 구조를 알고 있으면 유추를 통해 어느 정도 이해할 수 있지만, 자동차의 구조를 전혀 모르는 사람에게는 굉장히 어려운 이야기로 느껴질 수 있습니다.

교과서에서 점점 더 사라지는 통계, 미적분

저는 고등학교 때 이과를 전공해서, 문과를 전공한 학생들보다 수학을 훨씬 많이 공부해야 했지요. 통계도 제법 많이 배웠고, 고3 내내 공부했던 미분과 적분은 수학이라면 진저리날 정도였으니까요. 그래서 '도대체 이걸 왜 배워야 하지?'라는 의문이 늘 따라다녔습니다. 아직도 기억나는 문제 중 하나는 수도 사용량과 요금을 계산하는 미적분 문제였는데, 그걸 보면서 '아니, 그냥 계량기를 달면 되지, 왜 굳이 계산을 하지?'라고 생각했던 기억이 납니다. 아슬아슬한 성적으로 공대에 진학하게 되었고, 또 한 번 충격을 받게 됩니다. 몇 만 원짜리 공학용 계산기 하나면 고3 시절 내내 저를 괴롭혔던 미적분의 복잡한 계산이 모두 해결된다는 사실을 알게 되었기 때문입니다. '그냥 계산기로 하면 될걸, 왜 굳이 연필 들고 풀게 만들었을까?'라는 의문은 꽤 오랫동안 제 머릿속에 남아 있었습니다.

공부의 이유

미래에 필요로 할 무언가를 미리 배운다는 것, 흔히 이를 '선행학습'이라고 하지요. 마치 로또 1등 번호를 미리 알아서 미리 사두는 것 같은 느낌이랄까요? 꼭 로또가 아니더라도, 미래에 유망한 기업의 주식을 미리 사두거나, 사람들이 몰릴 지역의 부동산을 사두거나, 미래에 가치가 높을 직업을 미리 갖게 되는 것 모두 멋진 일일 겁니다. 하지만 저는 많은 시간을 보고 배우며 경험해 보았지만, 아쉽게도 미래를 정확히 예측하고 준비하는 것은 거의 불가능하다는 사실을 깨닫게 되었습니다. 그래서 우리는 미래를 살아가는 데 도움이 되는 기본 지식과 핵심 역량을 교육 과정을 통해 배우는 것입니다. 완벽한 예측은 어렵더라도, 그런 기초들을 통해 미래에 꼭 필요하게 될 무언가를 더 빠르게 익히고 적응할 수 있게 되는 것이죠.

예를 들어, 제가 자동차의 구조를 이해하지 못했다면, 수년 전 스마트 모빌리티 강의를 준비할 때 정말 큰 어려움을 겪었을 것입니다. 또, 제가 통계와 미적분을 공부하지 않았더라면, 인공지능 기술의 핵심 원리들을 이해하는 데 훨씬 더 많은 시간이 걸렸을 겁니다.

Grok이 생성해 준 공학용 계산기. 복잡한 수식을 입력하고 다양한 계산이 가능함.

새로운 영어 단어를 배울 때도 기존에 알고 있던 단어를 활용해 새로운 의미를 추론합니다. 이때 우리는 '추론'이라는 과정을 거치게 되는데, 이 과정이 잘 작동하려면 기존 지식과 새로운 정보 사이의 간극이 너무 크지 않아야 합니다. 기존의 배경지식이 부족하면 새로운 지식을 이해하기 어렵고, 아예 이해 자체가 불가능한 상황도 벌어질 수 있습니다.

인공지능을 배워야 하는 이유

아마도, 몇 년 후에는 인공지능은 우리가 사용하는 말로 제어를 하거나, 스마트폰 조작법처럼 그냥 척 보면 사용하게 되는 수준에 이르게 될 것입니다. 그런데 인공지능의 원리를 아는 사람과 그렇지 않은 사람이 있다고 할 때, 인공지능이 응용된 여러 제품과 서비스를 더 빨리 이해하고, 더 잘 사용하는 데 있어 격차가 생길 수밖에 없습니다. 실제로 공학용 계산기를 처음 보는 사용자는 일반 계산기처럼 보이지만, 사용에 대해 어려움을 겪게 됩니다.

공학용 계산기에 탑재된 수많은 수학 기호와 함수들을 이해하지 못하면, 단순한 덧셈, 뺄셈, 곱셈, 나눗셈 이상의 계산은 할 수 없습니다. (스마트폰이나 컴퓨터의 계산기에도 '공학용 계산기' 모드가 있으니 살펴보세요.) 이때 고급 수학 개념을 이해하고, 공학용 계산기의 사용법을 아는 사람은 이 도구의 성능을 최대치까지 활용할 수 있습니다. 같은 계산기를 가지고 있더라도, 결국 지식과 이해의 차이가 역량의 차이, 결과의 차이로 이어질 수밖에 없는 것이죠.

앞으로 인공지능이 다양한 기기에 장착되고, 더 많은 장치들이 인공지능과 연결된다면, 인공지능은 더 이상 모르고는 지낼 수 없는 요소가 될 것입니다. 물론 인공지능을 모르고도 살아갈 수는 있겠지만, 그것을 알고 활용하는 사람은 더 멋진 결과물을 만들어내고, 문제가 생겼을 때 스스로 해결하며, 자신만의 방식대로 맞춰가는 능력을 갖추게 됩니다. 그런 사람들에게 인공지능은 마치 자신

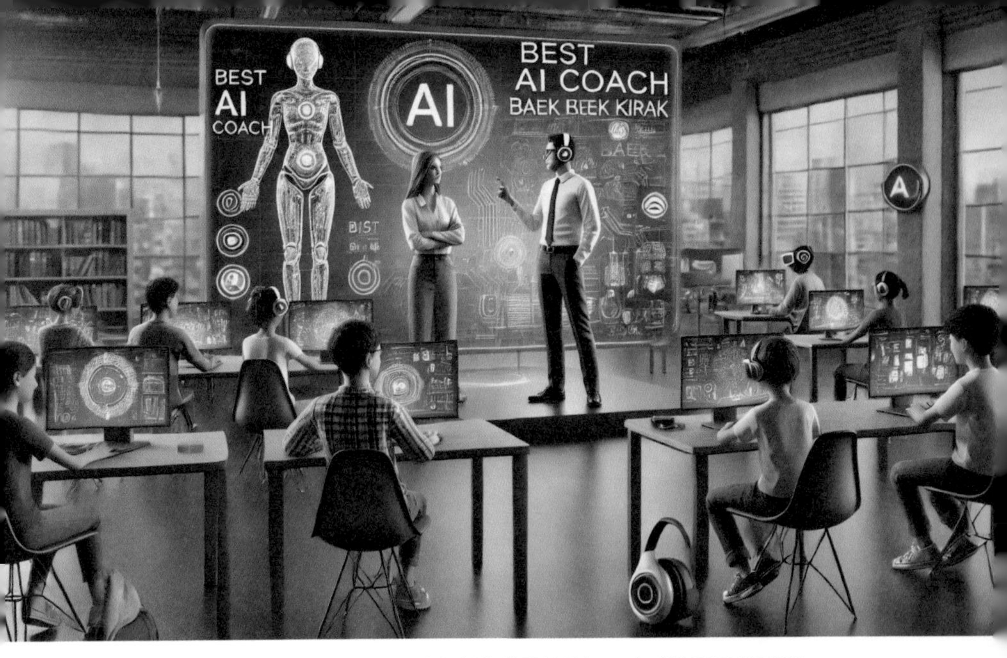

미래의 교실에서 AI 코치(Coach)와 함께 공부하는 모습. [챗GPT 이미지]

을 위한 도구처럼 느껴지고, 실제로 그렇게 작동하게 될 것입니다. 결국, 인공지능을 이해하고 활용할 줄 아는 사람이 더 높은 곳에서, 더 유리한 위치에서 미래를 준비할 수 있을 것입니다.

토론 거리

교실 안에도 인공지능이 탑재되거나, 연결되는 것들이 많이 나타나게 됩니다. 교실 안에 있는 것들 중에서 인공지능이 탑재되거나 연결되는 것들을 찾아보고 순서를 정해 봅시다!

인공지능은 어떻게 작동하나요?

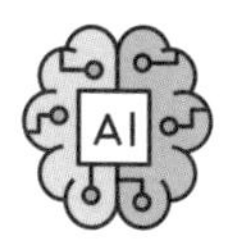

인공지능의 원리를 설명하는 게 쉬운 일은 아닙니다. 인공지능은 무려 70년이 넘는 역사를 가지고 있고, 다양한 제품들이 등장했으며, 다양한 서비스를 '인공지능' 혹은 '인공지능이 탑재되었다'라고 표현하거든요. 하지만 요즘 우리 생활 속에 다가온 인공지능은 대략 세 가지 핵심 요소를 갖고 있습니다. 너무 깊지 않게, 이 세 가지 핵심 원리를 가지고 설명해 보겠습니다.

알고리즘

제가 처음 컴퓨터를 접한 건 초등학생 때였고, 집에 두고 다룬 건 고등학생 때였어요. 대학 때는 남들보다 먼저 매킨토시(요즘 식으로 표현하면 아이맥 정도?)를 갖추고, 무려 네 가지 색깔의 잉크젯 프린터로 리포트를 제출하며 주목을 받기도 했죠. 그 당시 '코딩을 한다', '프로그램을 만든다'는 것은 입력 데이터를 정해진 방식 (함수, 프로그램)에 넣어서 결과를 나오게 하는 것이었습니다. 예를 들면, 제가 더하기 프로그램을 만들면 입력되는 숫자를 모두 더해서 최종적으로 모든 입력 숫자의 합을 제시하는 것이었습니다.

그런데 이 방식이 항상 좋은 건 아니었습니다. 먼저, 정해진 결과를 내기 위해 필요한 프로그램을 얼마나 잘, 효과적으로 작성하느냐가 중요했습니다. 지금은 거의 문제가 없어졌지만, 당시에는 메모리가 매우 비쌌고, 데이터를 처리하는 중앙처리장치의 성능은 낮았거든요. 즉, 보다 적은 코드로 프로그램을 짜면 당연히 처리 속도는 빨라지니까요. 이를 위해서는 사용하는 프로그래밍 언어 자체도 좋아야 하지만, 코드에 대한 이해도가 매우 높아야 했습니다. 그만큼 똑똑한 프로그래머의 역할이 중요했지요.

두 번째는 구현할 수 있는 기능이 다양해야 했습니다. 덧셈만 처리하는 프로그램을 만드는 것과 덧셈에 뺄셈, 곱셈, 나눗셈까지 처리하는 프로그램의 수준은 당연히 다를 수밖에 없으니까요. 이를 종합하면, 더 많은 기능을 더 적은 코드로 구현해야 했기 때문에 개발자의 역량이 무척 중요했습니다. 거기에 기기들의 호환성이 많이 떨어져서, 기계마다 적절한 코드 사용이 달랐습니다. 그러니 똑똑하면서도 경험이 많은 프로그래머가 특히 중요한 시기였다고 보시면 됩니다.

프로그래머들의 꿈 중 하나가 게임을 개발하는 것인데요, 특히 인간을 이기는 바둑 프로그램을 개발할 수 있는가는 당시 최고 프로그래머들 사이에서 중요한 실력 비교 방법이 되기도 했습니다. 제 기억엔, 프로 1단을 넘기는 데 수십 년이 걸렸던 것 같습니다. 그런 바둑 프로그램이 인간 고수를 이기는 날이 오고야 말았습니다. 그게 바로 '알파고' 사건이지요. 당시 세계 1위는 아니었지만, 전설적인 바둑 고수 이세돌 9단과 알파고의 대전에서 알파고가 4승 1패로 승리한 일이 벌어진 것입니다. 저는 이세돌 9단이 한 판 정도 지고, 나머지 판은 다 이기지 않을까 생각했었는데요, 제 바람은 이뤄지지 않았습니다. 결국 이세돌 9단의 1승은 꽤 오랫동안 인간이 AI 바둑 프로그램을 이긴 마지막 1승이 되었습니다.

머신러닝과 알고리즘

요즘 우리가 말하는 인공지능은 '기계학습'이라 표현하는 머신러닝으로 구성됩니다. 이전 방식과 비교해 보면, 과거에는 원하는 결과를 얻기 위해 똑똑한 프로그래머가 가장 좋은 프로그램을 코딩했다면, 요즘의 인공지능은 수많은 바둑 게임을 바탕으로 스스로 학습해서 가장 최선의, 최적의 프로그램을 찾아내는 것입니다. 이 과정은 단순하면서도 시간이 오래 걸립니다. 그래서 과거의 컴퓨터 환경에서는 이게 쉽지 않았죠. 하지만 컴퓨터 성능이 좋아지면서 가능해진 것입니다.

예를 하나 들어 보겠습니다. A 지점에서 B 지점으로 가는 길의 경우의 수가 100가지쯤 있다고 가정해 보죠. 만일 이 길들 중에서 가장 빠르고 효과적인 길을 찾으려면 어떻게 해야 할까요? 예전 방식은 처음부터 가능한 모든 길을 가보는 것이었습니다. 뭐, 우리가 직접 가보는 건 아니고, 컴퓨터가 계산을 통해 추적하는 것이니 힘들진 않겠지만, 아무튼 컴퓨터는 100가지 경우의 수를 다 '차례대로' 해보는 방식을 택했습니다. 그런데 잘 생각해 보면, 처음부터 모든 경우를 다 해보는 것이 항상 효과적인 건 아닙니다. 예를 들어, 바둑돌을 둘 때 우리는 네 개의 모서리에 두지 않고, 바둑판 위 9개의 점 중 하나에 두는 경우가 훨씬 많습니다. 모든 경우의 수를 다 보진 않아도, 대체로 그렇게 하는 게 더 효과적이기 때문입니다.

'몬테카를로 트리 탐색(MCTS)' 알고리즘은 어떤 결과를 찾는 과정에서 임의의 한 경로에서 출발하는 것을 결정합니다. 이 방식이 차례대로 하는 것보다 훨씬 더 빨리, 더 좋은 결과를 찾아내는 경우가 많기 때문이죠. 여기에 의사결정을 위한 통계를 더한다면 어떨까요? 예를 들어, 100가지 경우의 수를 다 찾은 다음 하나를 결정하는 방식도 있겠지만, 사전에 어떤 조건을 정해 놓고 '80점이 넘으면 그냥 그 경로를 채택한다'는 방식도 괜찮을 수 있습니다.

이렇듯 어떤 결과를 내기 위해 좀 더 효과적으로 최적의 과정을 찾는 것을 '알고리즘'이라고 합니다. AI 세계에서는 '학습 모델'이라고도 부르죠. 다양한 방식으로 알고리즘을 만들며, 수학적인 방식이 많이 사용됩니다. 그리고 AI 세계에서는 다 이해하진 못하더라도 결과적으로 이전보다 더 나은 결과를 낸다면, 그 알고리즘을 채택하기도 합니다.

컴퓨팅 파워

앞서 언급한 것처럼, 요즘 컴퓨터는 정말 강력해졌습니다. 세계 최초의 슈퍼컴퓨터인 CDC 6600은 1964년에 만들어졌는데, 성능이 약 3메가플롭스(MFLOPS) 정도였다고 합니다. '플롭스(FLOPS)'

는 1초에 얼마나 많은 계산을 할 수 있는지를 나타내는 단위입니다. 3메가플롭스는 1초에 300만 번 계산한다는 뜻이죠. 그런데 요즘 여러분이 사용하는 스마트폰이나 노트북의 성능은 50 테라플롭스에 이를 수 있습니다. 1테라플롭스는 무려 1조 번의 계산을 의미하니까요. 비교하자면, 지금 여러분이 손에 들고 있는 스마트폰이 수십 년 전 슈퍼컴퓨터보다 수천만 배나 빠르다고 볼 수 있습니다. (물론 완전히 같은 기준으로 비교할 수는 없지만, 느낌은 오죠?) 중앙처리장치(CPU)가 점점 강력해지고, 메모리 가격은 떨어지면서 복잡한 계산을 빠르게 처리할 수 있는 환경이 만들어졌습니다.

항목	CDC 6600 (1964)	갤럭시 S25 (2025)
연산 속도	3 MFLOPS (300만 FLOPS)	~50 GFLOPS 이상 (5천만 FLOPS 이상)
메모리(RAM)	128KB(1메가비트)	12GB(LPDDR5x)
저장 용량	수 MB(자기 드럼/디스크)	128GB~512GB(UFS 4.0)
전력 소모	150kW(15만 와트)	5~10W
크기	건물 크기(수십 평방미터)	손바닥 크기(약 150g)
주요 용도	과학 계산(단일 작업)	멀티태스킹, AI, 통신, 게임 등

세계 최초의 슈퍼컴퓨터라고 불리는 CDC6600과 삼성전자 갤럭시S25의 성능 비교 표

이 덕분에 인공지능의 핵심 기술인 머신러닝도 현실에서 훨씬 더 쉽게 구현될 수 있게 되었죠. 요즘 우리가 사용하는 대부분의 인공지능은 스마트폰이나 개인용 컴퓨터에 직접 탑재된 게 아닙니다. 실제로는 초강력 슈퍼컴퓨터에서 작동하고 있고, 우리는 그 인공지능에 초고속 인터넷을 통해 접속해서 사용하는 겁니다.

예를 들어, '알파고'가 바둑 경기에서 이세돌 9단과 대결할 때, 경기는 한국에서 열렸지만 알파고는 실제로 미국에 있는 구글 본사에 설치된 컴퓨터에서 돌아가고 있었습니다. 그래서 인공지능의 발전은 두 가지 덕분이라고 볼 수 있어요. 하나는 컴퓨팅 파워의 엄청난 발전, 다른 하나는 초고속 네트워크의 등장입니다. 다만, 네트워크는 인공지능 그 자체보다는 연결 수단이기 때문에, 보통은 "강력한 컴퓨터의 등장이 인공지능 발전의 핵심"이라고 말합니다.

빅데이터

이제 인공지능이 어떻게 작동하는지 이제 조금 감이 오시나요? 인공지능은 아주 많은 계산을 해보면서 가장 좋은 방법을 찾아내는 기술이에요. 그리고 어떤 문제를 잘 해결하려면 좋은 자료, 즉 데이터가 많이 필요하죠. 이걸 쉽게 이해할 수 있도록 예를 들어볼게요.

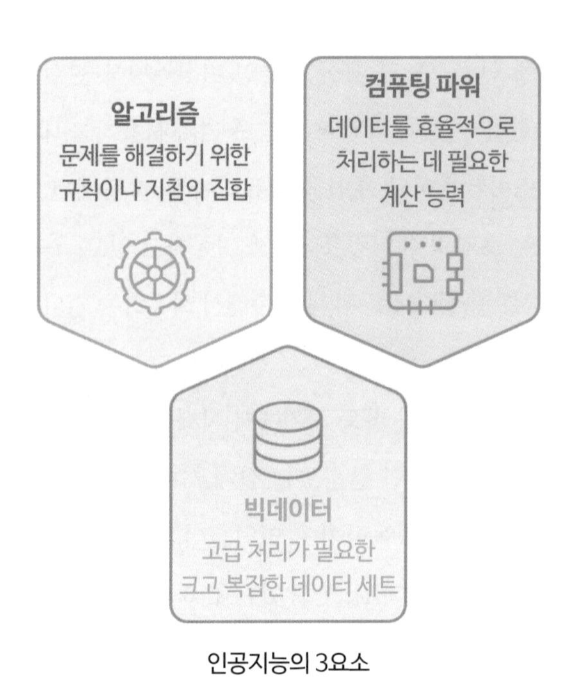

인공지능의 3요소

저도 예전에 바둑을 열심히 배운 적이 있어서, 컴퓨터랑 바둑 게임을 꽤 많이 했었어요. 만약 제가 했던 바둑 게임 기록이 100판 정도 있다고 해보죠. 어떤 인공지능 바둑 프로그램이 이 100판을 학습해서 새로운 바둑 실력을 키운다면, 그 성능은 어느 정도일까요? 이번엔 이세돌 9단이 했던 바둑 게임 100판을 학습한 인공지능 프로그램이 있다고 해봅시다. 그렇다면, 제 데이터를 학습한 프로그램 A와 이세돌 9단의 데이터를 학습한 프로그램 B 중에서, 과연 어떤 인공지능이 더 뛰어난 실력을 가질 가능성이 높을까요? 너무 뻔

구글 알파고가 이세돌 9단과의 경기에서 처음으로 지기 직전 모습.

하겠죠? 당연히 이세돌 9단처럼 훌륭한 기사의 데이터를 학습한 프로그램이 더 강력할 거예요.

이처럼 인공지능이 학습하는 데 사용하는 데이터의 '질'이 매우 중요합니다. 똑같이 100개를 학습해도, 수준 높은 데이터라면 인공지능도 더 똑똑해질 수 있는 거죠. 그래서 요즘은 '빅데이터'가 중요하다는 말을 자주 들어요. 질 높고 다양한 데이터를 많이 확보할 수 있어야 인공지능이 더 정확하고 똑똑하게 작동할 수 있기 때문입니다. 만약 전 세계에서 아마추어부터 중급 고수들까지의 바둑 경기 1만 판이 모였다면 어떨까요? 그리고 그걸 인공지능이 학습할 수 있다면, 아까 말했던 엄선된 최고수 100판만을 학습하는 것보다 성능이 더 뛰어날 수도 있습니다. 물론 무조건 1만 판이 100판보다 좋다고 단정 지을 수는 없어요. 하지만 바둑 경기가 정상적으로 진행된 기록이고, 어느 정도 실력이 있는 사람들이 둔 경기라면, 많은 양의 데이터를 학습한 인공지능이 더 다양한 경우의 수를 이해하고, 더 강력한 실력을 갖게 될 가능성이 높습니다.

이게 바로 빅데이터의 힘이에요! 일단 인공지능에게는 가능한 한 많은 데이터를 보여주는 게 중요해요. 데이터가 많을수록 다양한 패턴을 배우고, 실수를 줄이고, 더 똑똑한 결정을 내릴 수 있게 되거든요. 실제로 알파고는 수만 번 이상의 바둑 경기를 학습했습니다. 그 결과, 이세돌 9단과의 역사적인 대결 이후, 다른 어떤 인간 고수에게도 단 한 번도 지지 않는 전설의 인공지능 바둑 프로그램이 되었어요.

이렇듯 인공지능의 핵심 원리는 다음의 3가지 요소로 정리할 수 있어요.

①알고리즘 : 문제를 해결하는 방법, 학습 방식

②컴퓨팅 파워 : 계산을 빠르고 많이 할 수 있는 능력

③데이터(빅데이터) : 학습할 수 있는 좋은 자료들

물론 인공지능을 더 깊이 공부하면 알고리즘에도 여러 종류가 있고, 컴퓨터의 연산 방식도 복잡하며, 데이터도 다양하다는 걸 알게 될 거예요. 하지만 핵심 원리 자체는 바뀌지 않아요. 이 3가지를 잘 이해하고 있으면, 앞으로 어떤 새로운 인공지능이 나와도 "이건 어떤 알고리즘이지?", "어떤 데이터를 얼마나 학습했을까?", "이 정도면 얼마나 빠르게 작동할 수 있을까?"와 같이 쉽게 이해할 수 있게 됩니다.

앞으로는 양자 컴퓨터 같은 새로운 기술이 등장하고, 지금과는 다른 방식의 인공지능도 생겨날 수 있어요. 하지만 지금부터 인공지능의 원리를 잘 알아 두면, 새로운 기술도 훨씬 쉽게 받아들이고 잘 활용할 수 있을 거예요!

토론 거리

요즘 핫한 인공지능을 하나 정해서, 그 인공지능이 다른 인공지능과 어떤 면에서 차이가 나는지, 위 3가지 요인의 관점에서 비교해 봅시다!

쉬어 가기

저는 인공지능을 대할 때 'PaiP'라는 단어를 자주 씁니다. 먼저 'P'를 사람으로 본다면 'AI'는 사람과 사람 사이에서 브리지(bridge) 역할을 하는 도구입니다. 또, 절대로 사람보다 커 보이면 안 된다는 점에서 소문자 'ai'로 적습니다. 이 두 개의 'P'는 Personal(개인)과 Partner(파트너)의 약자입니다. '나만의 ai', 그리고 'ai와 협력하는 존재'라는 의미를 담고 있죠.

우리 삶에서 배움의 시간을 생각해 보면, 학교는 가장 먼저, 그리고 가장 오랫동안 머무는 배움의 공간이자 환경입니다. 그런 만큼, 학교에서 인공지능을 어떻게 만나느냐에 따라 앞으로 우리 삶이 얼마나 바뀔지 기대 반, 우려 반의 마음이 생기곤 합니다.

이제 다음 장에서는, 학교의 주인공이라 불리는 학생의 입장에서 인공지능을 다뤄보겠습니다. 자, 출발할까요?

2장

[학생] 인공지능 시대, 학교 생활 바꿔보기

인공지능 시대, 학교 생할 바꿔보기
3 [25e] AI가 다 일리주는드대 왜 공부를 해아 하죠?
4 [25f] 왜 작을 임아아 하는거죠?
5 [020최 의큐이 글어 배워아 하나요?
6 [25a] AI코 공부히는대, 궃이 학교에 가야요?
7 [N2503f] AI가 만믈어쥰자 믿아도 되나요?
8 [N25032] AI와 윈구가 별 수 윕을까요?
9 [0213a] 인궁지능 개빌자가 되리미?

2040년이 되면, 학생들은 소그룹으로 로봇 선생님의 수업을 듣고, 저마다의 스마트 기기를 통해 일대일 조언을 받을 수 있어요. [챗GPT 이미지]

AI가 다 알려주는데 왜 공부를 해야 하죠?

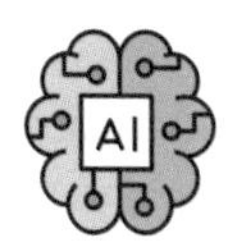

"공부가 즐거웠느냐?"라고 묻는다면, "마냥 즐겁진 않았다."라고 말할 것 같습니다. 그런데 "왜 했느냐?"라고 한다면, 그 당시엔 딱히 안 할 상황도 안되었기 때문인 듯 해요. 그땐 AI도 없었고, 컴퓨터도 흔하지 않았으며, 세상에 첨단 기술도 지금처럼 많지 않았을 때입니다. 제가 받았던 질문을 지금의 학생들에게 똑같이 던졌을 때, 같은 답변을 기대하는 건 어려울 거라고 생각합니다. 다만 돌아보면, 그때 누군가 저에게 '공부의 의미'나 '공부의 필요성' 같은 것을 묻고, 대화하고, 이해시켜 주었더라면 좋았겠다 하는 아쉬움은 있습니다. 특히 미적분 공부를 할 때, 누가 그 의미를 이야기해 줬더라면 참 좋았겠다고 느꼈거든요.

불완전한 AI

먼저, AI가 여전히 완벽하지 않다는 점을 이야기하고 싶습니다. 세계적인 AI들이 학습할 수 있는 데이터는 고갈되었다고 할 만큼, 지금의 AI는 정말 많은 정보와 지식을 학습한 상태입니다. 그래서 마치 모르는 게 없는 것처럼 느껴지기도 하죠. 하지만 그건 상대적인 의미일 뿐, AI는 여전히 모르는 것이 너무 많습니다. 무엇보다 AI는 검색 가능한, 공개된 정보를 바탕으로 학습합니다. 다르게 표현하면, 검색되지 않거나, 공개되지 않은 정보는 학습할 수 없다는 의미이기도 합니다. 그래서 지금도 AI가 못하는 일은 너무 많습니다. 언젠가는 AI가 인간의 거의 모든 지식을 알게 되는 날이 올지도 모르겠습니다만, 아직은 갈 길이 멉니다. 그렇다면 누군가는 AI가 더 나아질 수 있도록 도와야 하지 않을까요? AI를 만든 우리가, AI를 더 나은 수준으로 이끌어야 하니, 우리의 공부는 멈출 수 없습니다.

또 하나, AI는 인간이 만들고 성장시켜야 하는 존재입니다. 그런데, 만일 AI가 인간을 해치기라도 한다면 어떻게 될까요? 아마도 그런 일은 일어나지 않으리라 생각합니다만, 악의적인 목적을 가진 사람이, 악의적인 AI를 만든다면 이야기가 달라집니다. 그런 AI는 분명 인간에게 해가 될 수 있습니다. 그렇기에 인간은 더 바람직하고 윤리적인 방향으로 AI를 이끌기 위해, 계속해서 공부해야 할 이유가 있습니다.

인간다워지기 위한 공부

AI가 세상의 모든 지식을 학습했다고 해서, 인간이 더 이상 공부할 필요가 없을까요? 만일 모든 인간이 AI와만 살아가고, AI만 상대하게 된다면, 그럴 수도 있겠습니다만, AI와 로봇이 아무리 발전해도 인간이 인간을 상대하는 것은 완벽하게 대체할 수 없다고 생각합니다.

인간의 존재에 대한 해석은 다양하지만, 그중에는 인간을 '어울려 살아가는 존재'라고 보는 해석이 있습니다. 즉, 인간은 혼자서는 살아갈 수 없다는 이야기지요. 글쎄요, 몇몇 영화처럼 우주선 안에서 아이가 인공적으로 태어나고, 그 아이를 AI가 탑재된 로봇이 키운다면, 혼자 지내는 것이 너무나 당연한 일처럼 느껴질지도 모릅니다. 하지만 이미 그 상황 자체가, 자신 외의 다른 존재 (AI가 탑재된 로봇) 없이는 생존도, 성장도 어렵다는 뜻 아닐까요? 그런 점에서, 꼭 AI가 탑재된 로봇이 아니더라도 새로운 존재에 대한 호기심과 필요성은 쉽게 사라지지 않을 것이라 생각합니다. 그러니 새로

스테이블 디퓨전 AI가 만들어준 전통 유대인들의 공부방식인 하브루타.

운 인간 존재를 만나고, 관계를 맺고, 함께 살아가려면 서로가 갖춰야 할 것들이 자연스럽게 생겨납니다.

서로 소통 가능한 언어를 배우고, 서로의 에티켓을 익히고, 공유할 것과 분리할 것들을 구분해 가는 등, 인간이 인간다워지기 위한 배움은 반드시 필요한 과정인 것입니다. 지금 배우는 미적분을 10년 뒤에도 배우게 될지는 알 수 없습니다. 하지만 누군가와 대화하기 위해 국어를 배우는 일은 사라지지 않을 것입니다. 물론 그 국어를 배우는 과정에서, AI의 도움을 받게 될 수도 있겠지만요.

AI를 더 잘 다루기 위한 공부

AI가 점점 발전한다면, 인간이 공부하는 데 큰 도움이 될 거라 생각합니다. 몇 년 전까지만 해도, AI는 창의성이 없어서 그림이나 음악은 만들지 못할 거라고 이야기하는 분들이 많았습니다. 저는 말도

안 된다고 생각했지만, 많은 분들이 "소설을 쓰고, 그림을 그리고, 음악을 작곡하는 사람들은 살아남을 것"이라는 믿음을 가지고 있었죠.

하지만 지금의 AI를 보세요. 정말 많은 글을 쓰고, 음악을 작곡하고, 영상도 만들고 있지 않나요? 처음 챗GPT가 나왔을 때, 저도 소설을 써보았습니다. 블로그에도 올렸죠. 그런데 곧 멈췄습니다. 이유는, 재미와 흥미가 생기지 않았기 때문입니다. AI가 등장하면 세계적인 소설을 금방, 뚝딱 써낼 것 같았는데, 아니더군요. 음악도 만들어 보고, 영상도 만들어 보았습니다만, 역시 뛰어난 결과가 나오지는 않았습니다. 그런데 제가 강의를 하는 데 AI를 적용하니, 예전보다 더 풍성하고, 더 나은 강의를 할 수 있었습니다. 아마도 제가 소설을 쓰거나 음악을 작곡하고, 영상을 만드는 데는 초보지만, 강의를 하는 데에서는 남다른 능력을 가지고 있기 때문이 아닐까 싶습니다.

AI는 분명 발전할 것입니다. 그런데, 그 AI가 만들어 내는 결과물의 품질은 놀랍게도 누가 다루느냐, 어떻게 다루느냐에 따라 큰 차이를 보입니다. 강의가 전문인 제가 AI를 다룰 때, AI는 저에게 필요한 많은 콘텐츠를 손쉽게 만들어 냅니다. 하지만 학생들은 그렇지

챗GPT(왼쪽)와 제미나이(Gemini)가 그려준 30년 뒤 미래학교 이미지.

못하더군요. 여기에 비밀이 있습니다. 바로, AI를 잘 다루기 위해서라도 공부를 해야 한다는 사실입니다. 앞으로 우리가 공부해야 할 내용과 공부하는 방법은 많이 달라질 것입니다. 그러나 공부 그 자체는 사라지지 않을 것입니다. 어쩌면 과거보다 더 어렵고 방대한 내용을 더 많이 공부해야 할지도 모르죠. 수백 년 전 사람들이 평생 알았던 지식보다, 매일 집에 배달되는 종합 일간지 한 부에 담긴 지식이 더 많을 수도 있다고 합니다.

우리가 중학교 때 배우는 수학은, 놀랍게도 100~200년 전 수학자들이 머리를 싸매고 연구했던 분야들이기도 합니다. 즉, 지금 우리는 더 어렵고 더 많은 공부를 하고 있지만, 과거와는 달리 그걸 매일, 당연하듯이 해내고 있는 셈입니다. 아마도 공부하는 방법, 공부할 수 있는 환경과 도구가 그만큼 좋아졌기 때문이 아닐까요? 그러니, 공부를 그만두려 하지 마시고, 공부를 하되, 필요한 공부, 쓰임새 있는 공부가 무엇인지 고민하는 것이 정말 중요하지 않을까요?

토론 거리

100년 전 학교에서 학생들이 배웠던 공부, 50년 전, 10년 전 학교에서 가르친 과목과 학생들의 공부 방식을 현재와 비교해 봅니다. 어떤 차이가 있고, 왜 그런 차이가 생겨났는지 서로 토론해 봅시다!

AI로 공부하면 될 텐데 왜 책을 읽어야 하는 거죠?

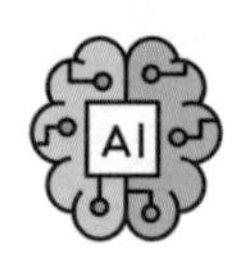

이건 정말 중요한 고민입니다. 독서법 책을 세 권이나 쓴 작가로서, 매년 500권 넘는 책을 사던 애서가 입장에서, AI의 발전을 바라보며 수없이 되뇌었던 질문이기도 합니다. 그 질문의 결과를 여러분과 공유할 수 있어서 기쁩니다.

AI는 모든 책의 내용을 알지는 못한다!

언젠가는 AI가 세상의 모든 책을 학습할 날이 올 거라고 생각합니다. 하지만 현재는 그렇지 않기 때문에, 우리는 여전히 책을 읽어야 합니다. 십수 년 전, 구글이라는 회사가 미국의 대부분 도서관에 있는 책을 스캔해서 저장하고 있다는 이야기를 들은 적이 있습니다.

당연히 "검색하면 다 나오겠지"라는 생각을 했지만, 그렇지 않더군요. 일단 저작권 문제로 인해 사용할 수 없는 자료들이 많고, 많은 책을 스캔한 것은 사실이지만 스캔하지 못한 책도 여전히 많다는 점이 문제라면 문제였습니다.

개인적으로, AI는 정말 편리한 참고도서라고 생각합니다. 약간 부정확한 내용도 있고, 약간 부족한 부분도 있지만, 웬만한 건 어느 정도 다 이야기해 주는 그런 참고도서이지요. 책을 일일이 뒤질 때에 비하면 몇십 배, 몇백 배 더 편리하게 정보를 제공하고 요약해 주니, "이런 도구가 예전엔 왜 없었을까?"라고 놀랄 정도입니다. 이젠 없으면 불편해서 못 살 것 같은 도구이기도 하고요.

하지만 여전히 AI는 보완해야 할 부분이 많고, 책으로 존재하지 않지만, 분명 우리가 만날 수 있는 많은 지식을 아직 알지 못합니다. 예를 들어, 오래전에 제가 본 뮤지컬의 그 순간순간 장면을 AI는 알지 못합니다. 분명 존재하는 콘텐츠임에도 AI는 접근할 수 없는 셈이지요. 게다가 지금도 수많은 사람들이 책을 쓰고, 그림을 그리고, 음악과 영상을 만들어 냅니다. 그 모든 것을 AI가 전부 학습하고 있을까요? 아마도, 전부라고 말하기는 어려울 것입니다.

알지 못하면 질문도 못한다!

일반적으로 '공부'라고 하면, 대부분은 책을 바탕으로 공부합니다. 즉, 책을 읽는 행위는 곧 공부하는 것과 같은 의미가 됩니다. 책을 읽고, 공부를 해야 '아는 것'과 '모르는 것'을 구별할 수 있게 됩니다. 저는 요즘 '양자 컴퓨팅'을 공부 중인데요. 책도 몇 권 사고, 전문 칼럼도 읽어 보지만 정말 이해하기 어렵더군요. 당연히 AI에게 질문하기도 어려워집니다. 질문이라고 해봐야, "혹시 다른 방식으로 설명해 줄 수 있지 않을까?" 하는 정도에 불과하죠. 하지만, 리더십이나 시간 관리에 대해서는 전혀 다르게 질문합니다. 왜냐하면, 저는 그 주제에 대해 수백 차례 강의를 한 전문가이고, 책도 여러 권 집필했기 때문입니다. 그러니 질문의 수준이 같을 수가 없는 것이죠.

'배우면 배울수록 겸손해진다'는 말이 있습니다. 배우면 배울수록 모르는 게 얼마나 많은지 깨닫게 된다는 뜻입니다. 앎은 그런 점에서 우리를 변화시킵니다. 무언가를 배울 때부터 AI를 활용할 수 있지만, 그 질문과 답변을 모아 보면, 처음 나눈 대화가 얼마나 얕았는지를 마지막에 깨닫게 됩니다. 그러니 책을 읽고 공부를 해야, AI에게도 좋은 질문을 던질 수 있고, AI 역시 자신의 능력을 제대로 발휘해 여러분에게 적절한 답변을 해줄 수 있는 것입니다.

지식의 체계를 잡는 데 도움이 되는 독서

마구잡이로 나열된 지식을 공부하는 것보다는, 지식도 순서와 체계를 갖추고 공부하는 편이 훨씬 이해가 쉽고 오래 기억됩니다. 질문을 통해 답을 얻는 현재의 생성형 AI 방식은 분명 큰 도움이 되지만, 가장 효과적인 학습법이라고 보기는 어렵습니다. 시간이 아주 많고, 환경이 여유롭다면 AI에게 질문을 이어가며 학습할 수도 있겠지만, 현실은 그렇지 않습니다. 우리는 유한한 존재이고, 공부를 썩 좋아하지도 않습니다. 그러니 마냥 오래 공부하기보다는, 되도록 빠르고 쉽게 끝내고 싶어하는 것이 솔직한 마음입니다.

그런 점에서 볼 때, 지금까지 인간이 만들어낸 수많은 도구 중 책은 가장 체계적으로 지식을 담고 있는 매체입니다. 물론, 잘 만들어진 책을 골라야 하겠지만요. 책을 읽는다는 것은 어떤 분야의 지식을 가장 정돈된 방식으로 받아들이는 것과 같습니다. 특히 생성형 AI는 작동 원리상 지식을 '그대로' 저장하지 않습니다. 통계적인 기법으로 정보를 압축해 기억하기 때문에, 같은 문장이나 구조를 반복해서 재현하는 방식은 아닙니다. 그런 점에서, 한 분야의 바이블 같은 책 한 권을 잘 골라 깊이 공부하는 것이 어떤 도구보다도 더 효과적인 지식 학습이 될 수 있습니다.

아날로그는 디지털보다 편하다!

독서 학습 전문가로서 저는 여전히 종이책을 선호하는 편입니다. 물론 요즘은 대부분의 업무 자료나 정보는 디지털 파일로 주고받습니다. 당연히 모니터나 스마트폰으로 정보를 확인하는 일이 많지요. 하지만, 중요한 업무나 집중이 필요한 공부를 할 때는 일부러 출력해 밑줄을 그어가며 읽는 편입니다. 요즘 학생들은 태블릿에 디지털 펜으로 줄을 그으며 공부하기도 한다지만, '신체'와 '감각'의 관점에서 그것이 가장 편한 방식이라고 말할 수는 없습니다.

우리의 눈은 정말 뛰어난 기관입니다. 현존하는 어떤 디지털 디스플레이도 인간의 눈보다 정밀하거나 편하지는 않습니다. 이 말은, 모니터를 오래 보면 눈이 쉽게 피로해지고, 시력 저하로 이어질 수 있다는 뜻이기도 하지요. 그래서 책을 통한 학습이 감각적 피로도 적고, 집중도 더 잘되는 경우가 많습니다. 언젠가 눈보다 더 뛰어난 디지털 디스플레이가 나올 수도 있겠지만, 현재는 그렇지 않고, 그런 기술이 대중적으로 저렴하게 보급되려면 아직 시간이 필요합니다.

공부할 때 '쓰는 감각'도 아주 중요한 역할을 합니다. 흔히 말하는

E-Book으로 유명한 아마존 킨들. [출처 : Amazon.com]

'필기감'이라는 것이 있는데요. 실제 종이 위에 연필이나 볼펜으로 글을 쓰는 느낌과, 전자 화면 위에서 전자펜으로 쓰는 감각은 정말 하늘과 땅 차이죠. 놀랍게도, 인간의 오감은 우리가 정보를 받아들이고 처리할 때 큰 영향을 미치는 것으로 알려져 있습니다. 많은 사람들이 굳이 카페에 가서 이어폰을 끼고 공부하는 이유는 무엇일까요? 단순히 분위기를 내기 위해서만은 아닙니다. 소리, 색감, 향기 등 다양한 감각 요소들이 학습에 실제로 영향을 주기 때문입니다.

문자가 없던 시절, 많은 정보를 세대에서 세대로 전달하기 위해 사람들이 향을 피우고, 운율이 담긴 노래나 낭독을 활용했던 것도 우연이 아닙니다. 감각을 자극해 더 오래 기억에 남도록 하기 위한 지혜였던 것이지요. 물론, 눈이 쉽게 피로해지는 환경이나 빠르게 변화하는 정보를 다뤄야 할 때는 전자책이 매우 유용한 수단이 될 수 있습니다. 수백 권, 수천 권의 책을 들고 다닐 수는 없으니까요. 앞으로는 전자책의 시대가 더 본격적으로 열릴 수도 있습니다. 하지만 종이책의 장점을 완전히 포기할 수는 없습니다. 그래서 요즘은 종이의 질감과 유사한 필기감을 제공하는 전자책 디바이스도 많이 개발되고 있습니다. 디지털 기술이 종이책의 감성을 따라가려는 이유도, 그만큼 종이책이 주는 감각적 경험이 강력하다는 뜻입니다. 참고로 다양한 독서법 학습법을 다루는 밴드를 소개합니다. [https://band.us/@chaeknamoo]

토론 거리

한동안 전자책과 종이책이 함께 사용될 텐데요. 전자책으로 만들 때 장점과 단점이 무엇인지 나눠보고, 전자책은 어떻게 다루는 게 가장 효과적인지 서로의 생각을 나눠봅시다.

외국어를 굳이 배워야 하나요?

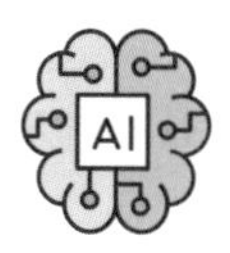

제가 대학에 입학했을 무렵에 '외국어를 굳이 배워야 할까?'라는 질문이 제 머릿속에 맴돌곤 했습니다. 그때는 정말 영어 공부가 하기가 싫었기 때문이죠. 영어는 좋아했지만, 공부하는 건 싫었어요. 그냥 영어라는 언어에 대한 느낌만 좋았거든요. 좋아한다고 해서 다 잘하는 건 아니더라고요. 이제 그때의 질문에 대한 제 답을 20여 년 만에 풀어보려 합니다.

외국어의 역할

어릴 때는 대부분의 사람들이, 특히 부모님이나 선생님이 권하는 대로 공부하는 게 좋다는 생각을 합니다. 그런데, 공부라는 게 한두

해가 아니라 10년, 20년을 해야 한다면 그 공부를 하는 '이유'가 정말 중요해집니다. "왜 공부해야 하지?"라는 질문을 저는 초등학생 때부터 많이 했던 것 같아요. 그때는 공부가 싫었거든요. "이 싫은 걸 왜 해야 하지?"라고 수없이 던지곤 했습니다. 대체로 그냥 하긴 했지만, 20대가 되니 이 질문에 대한 답을 찾고 싶더라고요.

외국어는 그 자체로 언어입니다. 한국어도 당연히 언어죠. 그런데 한국어를 배우는 것과 영어를 배우는 것은 다릅니다. 한국인으로 태어나면 한국어는 자연스럽게 배우게 됩니다. 그런데 외국어는 다릅니다. 한국어와 외국어의 가장 큰 차이는 자연스럽게 배울 수 없다는 점입니다. 그래서 외국어는 한국어와는 다른 방식과 분량의 공부를 해야 할 수밖에 없죠. 그렇다고 해서 한국어를 잘 하지 못하는 한국 사람이 없는 건 아닙니다. 한국에서 태어나도 한국어를 제대로 구사하지 못하는 경우도 있을 수 있습니다. 예를 들어, 한국어를 사용하는 환경에서 자라지 못한 경우가 그렇습니다. 결국, 한국어는 사람들이 서로 대화하는 과정에서 자연스럽게 습득되는 언어입니다. 같은 방식으로 외국어도 '대화'를 통해 학습되는 것입니다. 사투리를 예로 들어보면, 한국에서 태어나도 자라나는 지역에 따라 사용하는 사투리가 달라지듯, 외국어도 그 나라 사람들과 실제로 대화하는 과정에서 배우게 됩니다.

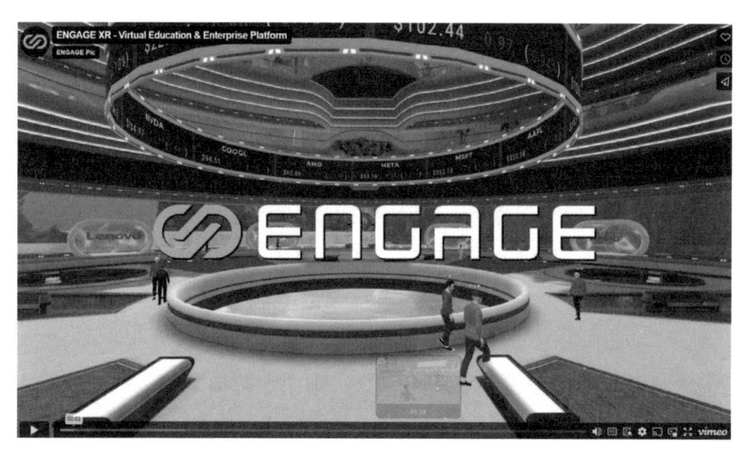

세계적인 메타버스 플랫폼인 인게이지(ENGAGEXR). 여러 해외 기업들이 입주해 있고, 이 플랫폼을 바탕으로 한국의 관광지를 소개하는 이벤트도 진행됨. [참조 : engagevr.io]

외국어를 배우는 목적은 결국 외국인과 대화하는 데 있습니다. 외국 사람들과 자주 교류하면 외국어를 배울 이유도 생기고, 연습할 기회도 많아지죠. 하지만 대부분의 한국인들은 외국어를 실제로 일할 때 사용합니다. 예를 들어, 외국 사이트에서 자료를 찾거나, 외국에서 온 메일을 읽거나, 외국어로 된 안내문을 읽어야 하는 경우 등이죠. 그런데, 이제는 인공지능 덕분에 이러한 작업들이 자동화되어 버렸습니다. 자료를 찾고, 메일을 읽고, 안내판을 보는 데 외국어를 쓸 이유가 없어졌습니다. 제가 예전에 이런 상황을 예측했고, 그래서 영어 공부를 많이 하지 않았습니다. 물론, 학교에 다니면서 어쩔 수 없이 영어를 배우긴 했지만, 영어는 학창 시절 내내 제게 그렇게 좋은 과목은 아니었습니다. 게다가 저는 영어를 대신 해결해주는 기계로 대체될 것이라고 생각했거든요. 따라서, 자료를 찾거나 메일을 읽는 등의 목적이라면 외국어를 배울 이유는 사라졌습니다. 그러나 외국 사람과 직접 만나서 일을 하려고 한다면, 외국어는 여전히 중요합니다. 번역기를 돌릴 틈이 없는 상황에서, 특히 같은 단어라도 업무적으로 의미가 다르거나 뉘앙스가 다른 경우가 많기 때문입니다. 이런 경우에는 외국어를 정말 열심히 공부해야 합니다. 그런 점에서 영어를 공부하는 것이 불필요하다고 생각하지 않지만, 모든 사람이 영어를 잘해야 하는지에 대한 질문은 해볼 필요가 있지요.

외국어를 해야 한다면

제 인생에서 정말 특별했던 경험 중 하나는 영어로 강의를 했던 일입니다. 그때의 상황은 이랬습니다. 외국의 한 대학교에서 수십 명의 학생들이 한국에 왔고, 그들은 한국에서 강의를 듣는 시간을 가졌습니다. 그 강의를 저에게 의뢰했을 때, 저는 당연히 거절했습니다. 영어를 잘 하지 못하는데 어떻게 강의를 하겠냐는 생각에서였죠. 하지만, 일행에 통역사가 있다고 하여 수락했습니다. 즉, 한국어로 강의를 하고, 통역사가 영어로 번역하는 조건이었습니다. 문제는, 통역사가 전문 통역사가 아니었고, 대학 관계자이면서 영어를 조금 할 수 있는 분이셨다는 점이었습니다. 그런 분이 전문적인 강의 내용을 통역하는 것은 쉽지 않았습니다. 동시 통역은 정말 뛰어난 능력을 요구하는 직업이고, 그때 그 상황에서 저는 그 사실을 깊이 실감했습니다. 결국, 제가 직접 영어로 강의를 하겠다고 결심하게 되었고, 어설픈 영어로 강의를 시작했습니다. 다행히도 '리더십'이라는 주제는 용어가 대부분 영어로 되어 있어서 기본적인 문장으로 강의를 할 수 있었습니다.

사실, 우리의 영어 실력은 꽤 괜찮습니다. 한국어처럼 쓰려고 해서 문제가 생기는 것이지, 기본적인 의사소통은 어렵지 않다고 생각합니다. 특히 요즘은 어릴 때부터 원어민 수업도 많이 들을 수 있어서, 발음도 많이 좋아졌을 것입니다. 그래서 영어를 써야 하는 상황이 오면, 너무 불안해하지 않았으면 합니다. 제가 드리고 싶은 팁은, 한국어로 하고 싶은 말을 써서 영어로 번역한 후, 여러 번 읽어보는 것입니다. 실제로 그 강의를 맡게 되면서 저는 강의 내용을 미리 정리하고 번역기를 돌려본 적이 있습니다. 원래 프로는 만에 하나를 대비해야 하는 법이지요. 그 당시에도 번역 프로그램은 여러 개 있었고, 지금보다 성능은 떨어지지만 그때도 꽤 유용하게 사용

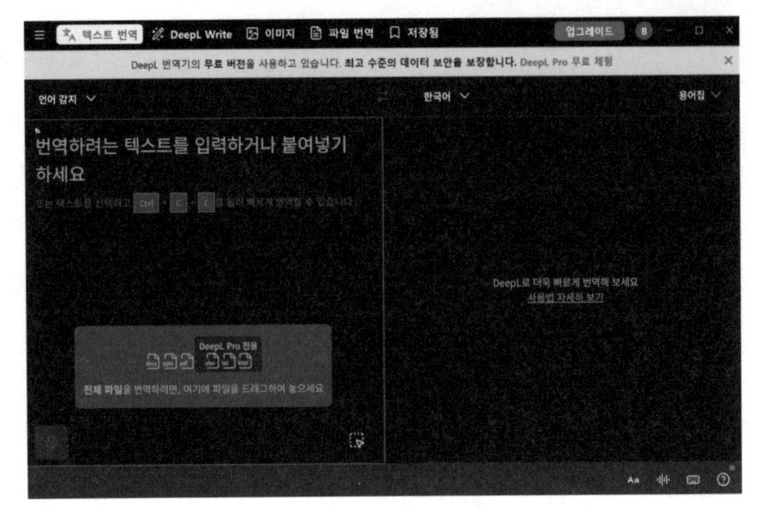

비즈니스 번역기로 매우 유명한 DeepL PC 설치형 프로그램. 텍스트 번역 뿐 아니라 이미지 캡처 후 번역까지 탁월한 번역 성능을 보여줍니다.

할 수 있었습니다.

게다가 한국에 와서 한국 강사가 영어로 강의를 준비한다고 해도, 미국 사람들의 귀에 얼마나 자연스럽게 들릴까요? 미국에서 한국어를 꽤 배우고 와도, 한국 사람이 대화를 하면 어색함을 느낄 수 있는 것처럼 말이죠. 그러니 그런 어색함은 자연스럽게 받아들이고, 강의의 본질인 내용을 전달하는 데 집중하면 충분히 강의가 가능합니다. 요즘 인공지능의 번역 능력이 얼마나 뛰어난지 잘 아시죠? 게다가 대부분 무료로 제공되는 번역 서비스를 통해 손쉽게 번역할 수 있습니다. 제가 아는 국내 3대 번역 회사 중 2곳의 직원들에 따르면, 2020년 이후로 초벌 번역(원문을 대략적으로 번역하는 작업)은 대부분 구글 번역기 같은 도구를 사용한다고 하더군요. 그 후에, 자신들의 전문 분야에 맞게 단어나 문장을 다듬는다고 합니다. 따라서, 영어를 사용해야 한다면, 먼저 말할 내용을 잘 작성한 후 번역기를 활용해 보세요. 그러면 훨씬 수월해질 것입니다.

마지막으로, 힘이 나실 수 있도록 한 가지 말씀드리겠습니다. 원래 한국어로 강의한다고 해도, 사람들 앞에서 강의하는 것은 매우 힘든 일입니다. 그래서 대부분의 강사들은 강의 대본을 작성하고, 수십 번씩 연습한 후 무대에 올라갑니다. 그러니 한국어든 영어든 강의는 기본적으로 어려운 일이기 때문에, 남들도 다 똑같이 힘들어한다는 점을 생각하시면 조금 위안이 될 것입니다.

토론 거리

구글 번역기와 네이버 번역기 딥엘 등 여러 번역기를 찾아보고, 자신들이 작성한 자기소개 글을 번역시켜서 비교해서 토론해 봅시다.

AI로 공부하는 데 굳이 학교에 가야 하나요?

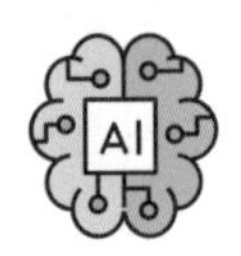

직장인들은 회사에 가기 싫어하고, 학생들은 학교에 가기 싫어합니다. 더 자고 싶은데 일어나야 하고, 집과는 다른 규율에 적응해야 하며, 부담스러운 일들이나 시험을 치르라는 압박을 받다 보면 가기 싫을 수밖에 없죠. 그런데, 시간이 지나면 그 시절이 참 소중하고, 추억으로 남게 된다는 사실이 신기합니다. 모든 기억이 그렇지는 않겠지만, 제 말에 동의하는 분들이 많지 않을까 싶어요. 보통 정말 싫었던 일들이 나중에 좋은 추억으로 남지는 않으니까요. 그런 점에서, 그렇게 싫어했던 학교를 인공지능과 로봇이 가득한 시대에도 계속 다녀야 할까요? 더 먼 미래에는 어떨까요? 이번에는 학교의 가치에 대해 이야기해보려고 합니다.

교육이라는 목적을 가진 공간과 인프라

이 글을 쓰고 있는 제 책상은 각종 전자기기로 가득 차 있습니다. 노트북이 두 대 있고, 커다란 모니터와 보조 모니터가 두 대 더 있습니다. 외장하드가 다섯 개쯤 연결되어 있고, 강의와 촬영을 위한 마이크와 스피커가 두 대 있습니다. 멀티탭도 세 개나 있고, 웬만한 사람들은 들기도 힘든 중형 컬러 레이저 프린터도 한 대 있습니다. 제 의자 뒤로는 책이 가득하고, 바닥에도 작업과 집필을 위한 각종 자료들이 쌓여 있죠. 이 공간은 저 외에는 제대로 쓰기 힘들 정도로 가득 차 있습니다.

물론, 이 공간에서 저는 잠을 자지 않습니다. 제 '작업실'이기 때문이죠. 글을 쓰고, 비대면 강의를 하고, 녹음과 촬영을 하며, 어떤 주제를 연구하고 공부하는 공간입니다. 그래서 그에 맞는 장비들로 가득 차 있습니다. 잠을 자는 곳은 이런 것들과는 별로 상관이 없고, 오히려 편하고 따뜻하며 조용한 곳이죠. 그런데 생각해보니, 제 작업실에는 소음도 꽤 많습니다. 각종 전자기기가 내뿜는 열을 처리하기 위해 팬이 달린 받침대와 작은 선풍기의 소음이 꽤 시끄럽거든요.

제 작업실에는 2대의 컴퓨터, 최대 5개의 화면, 컬러 레이저 프린터, 수백 권의 책 및 마이크, 스피커, 여러 대의 외장 HDD 등이 연결되어 있습니다.

우리가 공부하는 공간, 특히 학교도 마찬가지입니다. 혼자 책을 읽고, 노트북으로 웹 서핑하는 정도라면 학교는 필요 없을 것입니다. 하지만 교육은 생각보다 많은 것들을 필요로 하고, 공부하는 학생들이 생각하는 것보다 더 많은 것을 가르치는 곳이 바로 학교입니다. 저는 대학이라는 공간을 "세상에서 가장 다양한 지식이 한 곳에 모여 있는 공간"이라고 표현하는데요. 일반 사회에서 그렇게 다양한 지식을 한 자리에 오래도록 모으는 것은 정말 힘든 일입니다. 그런 대학에 들어가려면 (물론 대학만을 목표로 한 것은 아니겠지만) 초중고 12년 동안 우리는 정말 다양한 것들을 배워야 합니다. 교과서에 있는 내용도 중요하지만, 많은 내용은 교과서만으로는 이해하거나 배울 수 없습니다. 체육 시간에 공을 차고, 던지고, 달리는 경험은 아무리 집에 갖추려 해도 한계가 분명하거든요. 게다가 경기를 하려면 여러 사람이 함께 팀을 이루어야 하는데, 이 또한 만만한 일이 아닙니다. 이렇듯 우리가 앞으로 살아가면서 배워야 하는 것들이 있고, 그것들을 가장 효과적으로 배울 수 있는 도구와 전문가들을 모은 곳이 바로 학교입니다. 배우는 내용이 바뀌고, 시설이 달라질 수는 있겠지만, 학교의 필요성은 미래에도 절대 사라지지 않을 것입니다.

함께 배울 때 갖는 시너지

저는 공부와 학습에 대해 꽤 많은 연구와 실험을 했습니다. STAR라는 독서학습 시스템도 정리했죠. STAR 개념을 잠시 소개하자면, S는 공부(Study), T는 가르치기(Teaching), A는 연습(Action), R은 함께(Relation)를 의미합니다. 이 중 S, 즉 공부의 부분에서 학교는 집보다 훨씬 효과적입니다. 나머지 세 가지 요소는 집에서 구현하기 힘듭니다. 같은 내용을 배우는 교실 내 학생들의 수준은 천차만별입니다. 학생 개개인의 지식과 재능이 다르기 때문이죠. 가장 이상적인 것은 각 학생에게 개인 선생님이 있는 것이지만, 이 부분은 미래의 AI가 어느 정도 커버할 수 있을 것입니다. 그러나 AI의 문제 중 하나는 수준별 학습을 잘 구현하기 어렵다는 것입니다. 특히 현장에서만 얻을 수 있는 무형의 경험이나 느낌은 AI로는 학습할 수 없습니다. 저도 많은 강의를 하지만, 가르치는 사람이 현장에서 배우는 것이 얼마나 중요한지, 그리고 그것이 얼마나 많은지를 깨닫고 있습니다. 게다가 학생들은 각자 다른 관점에서 배우게 됩니다. 어떤 내용은 선생님이 아무리 설명해도 이해하기 힘든 경우도 있지만, 친구가 설명하면 쉽게 이해되는 경우도 있죠. 이런 효과를 가장 잘 누릴 수 있는 곳이 바로 학교입니다.

혹자는 줌(Zoom) 같은 도구로 이걸 구현할 수 있지 않느냐고 반문할 수도 있습니다. 그러나 우리는 이미 비대면 수업에서는 대면에서 얻을 수 있는 모든 것을 배우지 못한다는 사실을 경험했습니다. 코로나19와 같은 상황이 아니라면, 함께 얼굴을 보고 생활하면서 주고받는 영향력이 정말 크다는 것을 이제 우리는 알고 있습니다. 그래서 미래 사회에서 비대면 수업은 오히려 가난한 나라에서나 적용되거나, 아주 특별한 상황에서만 이루어질 것입니다. 선진국이라면 학교라는 공간에 모여서 공부하는 방식을 중시할 것입니다. 여러 면에서 볼 때, 학교에서 함께 공부하는 것은 집에서 비대면으로 배우는 것과 비교할 수 없을 정도로 효과적입니다.

미래에 정말 필요한 관계성을 배우는 곳

저도 50여 년의 시간을 살아보면서, 정말 똑똑한 사람들이 많다는 것을 느꼈습니다. 노력한다고 해서 그들을 따라잡을 수 있을까 싶은 사람들도 많이 있죠. 하지만 그 똑똑한 사람들이 사회에서나 인생에서 항상 성공하는 것은 아니더군요. 오히려 똑똑함이 덜하지만, 사람들과 잘 어울리고, 말을 잘하고, 성격 좋은 사람들이 훨씬 더 성공하는 경우가 많습니다. 왜냐하면, 간단히 말하자면, 우리는 인간이고, 서로 어울려 살아가야 하는 존재이기 때문입니다.

코로나 팬데믹은 우리에게 많은 교훈을 주었습니다. 그 중 하나가 바로 "어울리지 않는 것"이 얼마나 위험한지를 알게 해준 경험이었습니다. 혼자 공부하는 것이 효과적일 것 같았지만, 결국 학원에 가거나 그룹 스터디를 해야만 성적이 향상되는 현실을 마주하게 되었습니다. 또한, 친구들과 어울려 지내는 학생들은 정서적 안정감을 유지할 수 있었지만, 혼자 집에서 홀로 공부하는 학생들은 정서적으로 매우 불안해졌고, 결국 학업 성취도 역시 떨어지게 되었습니다.

저는 학교에서 배우는 가장 큰 공부가 바로 '사람'과 '관계 형성'

이라고 생각합니다. 과거에 비해 현대 사회는 같은 또래끼리 어울리기 쉽지 않습니다. 만약 학교라는 공간이 없다면, 그렇게 많은 또래, 선배, 후배와 자연스럽게 관계를 맺는 기회를 갖지 못할 것입니다. 그 속에서 12년 동안 시간을 보내면서 학생들이 스스로도 잘 모르지만 배우게 되는 것이 바로 사람과 관계에 대한 공부입니다. 이 관계는 학교를 졸업하고 사회에 나갔을 때 어떻게 선배들을 대하고, 동기들과 어떻게 어울리며, 후배들과 어떤 관계를 맺는지가 중요한 시점에 큰 도움이 됩니다.

미국의 일류 대학에서 제공하는 수업이 MOOC(Massive Open Online Course)라는 형태로 제공되지만, 여전히 세계 일류 학생들은 어떻게든 그 대학에 입학해, 그곳에서 함께 연구하고 관계를 맺으려고 합니다. 놀랍게도 이러닝이 등장했음에도 불구하고, 세계 일류 대학의 학비는 점점 비싸졌습니다. 그 이유는 단순히 물가 상승 때문만이 아닙니다. 더 많은 학생들이 그 대학에 들어가려고 하기에, 직접 그 일류 교수님의 수업을 듣고, 그들과 대화하며, 심지어 뛰어난 학생들과 어울려 배우는 기회를 얻는 것이 얼마나 소중한지를 깨닫기 때문입니다.

이렇게, 사람들과의 관계에서 얻을 수 있는 시너지는 단순히 공

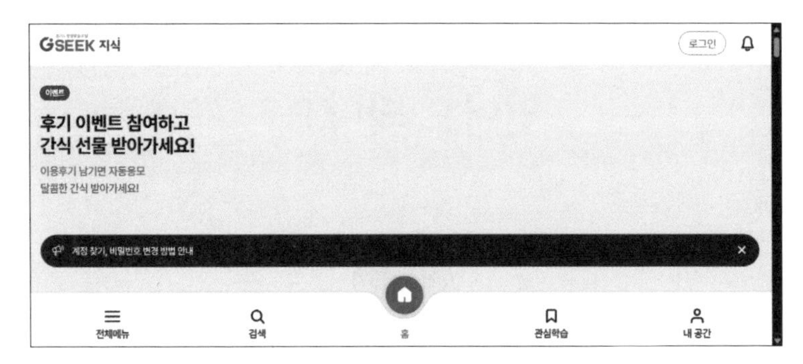

우리나라에도 Mooc 같은 서비스가 늘고 있습니다. 〈Gseek.kr〉

부만큼 중요한 가치입니다. 학교에서 그 관계를 배우고, 경험하며, 나아가 사회에 나가서 더 넓고 깊은 관계를 형성하는 데 중요한 기초가 되기 때문입니다. 학교 생활이 쉽다고 생각하진 않습니다. 다만, 그 불편함과 어려움을 충분히 상쇄할만한 가치가 있는 공간임은 분명합니다. 그리고 대한민국의 학교는, 세계적으로도 인정받는 학습의 공간입니다. 그러니 불편함은 일부 감수하고, 일부 해결해가면서 학교가 주는 가치에 중점을 두면 좋겠습니다.

AI가 만들어준 자료,
믿어도 되나요?

AI가 틀릴 수 있다구요?

사실 AI는 생각보다 자주 틀립니다. 한동안은 숫자의 크기도 잘못 맞추고, 심지어 엉뚱한 이야기를 진짜처럼 말하기도 했지요. 챗GPT 초기에 '세종대왕과 아이패드' 이야기는 아주 유명(?)했었답니다. 지금 우리가 만나는 대부분의 AI는 구조가 거의 같습니다. 엄청나게 많은 데이터를 기반으로 머신러닝 알고리즘으로 학습하여, 통계적으로 가장 유의미한 결과값을 제시하는 거죠. 이 과정에서 크게 두 가지 문제가 발생합니다. 먼저, '빅데이터'의 특징이 '정확한' 데이터보다는 '많은' 데이터에 가깝다 보니, 이상한 내용의 데이터도 굉장히 많이 들어간다는 게 문제입니다. 잘못된 자료를 기반으로 학습을 했으니, 잘못된 답변을 하는 건 너무나 당연하겠죠? 또 하나, 머신러닝 알고리즘이라는 게 패턴을 찾는 과정인데, 대체로 통계적으로 유의미한 통계를 찾고, 그에 맞춰 답변을 주는 게 목표이다 보니, 이게 맞는 내용인지를 따지지 않습니다. 통계적 특징상 틀린 내용이 더 많다면, 그걸 통계적으로는 정답으로 인식해버리는 경우도 생깁니다. 이런 오류 현상을 착시현상(할루시네이션, Hallucination)이라고 부릅니다.

RAG나 추론 같은 새로운 기능으로 오류를 잡으려는 노력은 계속되고 있으며, 많은 AI 기업들과 양질의 콘텐츠를 생산하는 기업들이 협력하면서 많이 개선되고 있는 건 사실입니다. 하지만 과연 틀린 정보가 전혀 없을 수 있을까, 하는 근본적인 질문은 여전히 피할 수 없는 부분입니다.

틀린 정보를 찾아내는 능력이 중요해집니다!

저도 챗GPT가 처음 한국에 등장했을 때, 충격을 받은 사람 중 한 명입니다. 거의 4개월 가까이 우울증 비슷한 충격을 받았었어요. 나올 줄 몰라서 받은 게 아니라, 너무 빨리, 너무 강력하게 나와서 받은 충격이었습니다. 그런데 그 충격은 곧 분노로 바뀌기 시작했

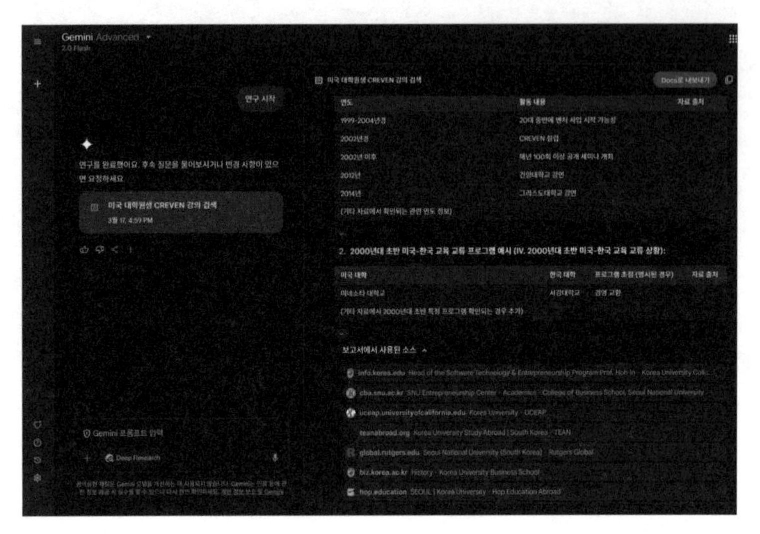

Google Gemini는 'Deep Research' 기능을 통해 RAG 및 추론 기능을 동시에 작동시켜 결과물의 품질을 높입니다.

습니다. 너무 틀린 내용이 많아서 검증하는 데 너무 시간이 많이 걸렸기 때문입니다.

챗GPT를 쓰다 보니, 사용자들이 크게 둘로 나뉘더군요. 틀린 내용인지 모르거나, 상관없이 그냥 쓰는 사람들과, 오류 때문에 오히려 작업 속도가 더 느려졌다는 분들도 있었습니다. 저는 후자에 속해 있었는데요. 많은 양의 콘텐츠를 빨리 생성해주는 게 참 좋긴 했지만, 업무에 쓰려다 보니 검증 과정에 어려움을 많이 겪었습니다.

다만, 시간이 지나면서 오류를 잡는 것도 점점 빨라지더군요. 이 과정에서 꾸준하게 해온 독서량과 학습법이 큰 도움이 되었습니다.

요즘은 AI 도구 없이 일하는 건 거의 불가능에 가까울 정도입니다. 다만, 잘 쓰는 분들은 특징이 있습니다. 바로 오류를 빨리 찾아내는 분들이라는 것입니다. 그렇지 않으면 현장에서 많은 문제가 발생하거든요. 저처럼 교육을 하는 사람들은 교육 내용에 대한 책임을 져야 하는데, 그러다 보니 충분한 학습량을 갖지 않거나, 많이 공부하지 않은 사람들은 AI 의존도가 높아지면서 오히려 불편해지는 상황이 생길 수밖에 없습니다. 아마, AI 도구를 사용하면서 도구의 문제를 잡아내거나, 이 문제를 우회하거나 해결하는 방법을 갖고 있는 사람들의 가치가 높아지리라 생각합니다. 우리가 알고 있던 교육도 AI가 도입되면 많은 변화가 생길 거라 생각합니다. 그 과정에서 꼭 배워야 하는 것 중 하나가 정확성에 대한 부분이 아닐까 싶습니다.

AI의 오류가 오류로 받아들이지 않는다면?

우리가 '창의성'이라고 부르는 영역이 있습니다. 창의성은 남들과 다른 생각에서 출발하죠. AI는 기본적으로 데이터에서 출발하고,

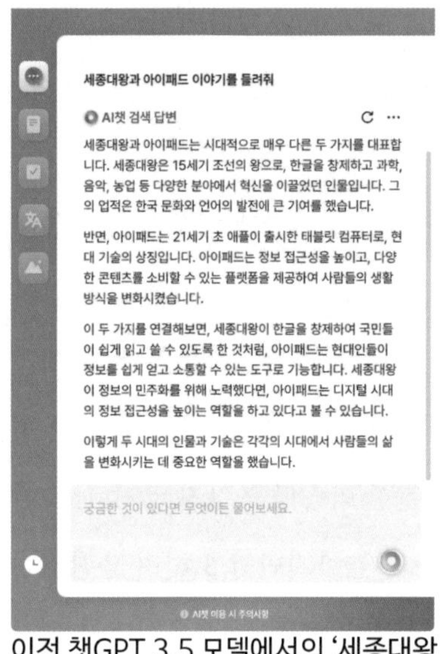

이전 챗GPT 3.5 모델에서의 '세종대왕과 아이패드' 이야기.

데이터의 다수의 패턴을 주로 보는 편이다 보니, 발전하면 발전할수록 인간과 비슷해지는 경향이 생깁니다. 하지만, 우리가 '정답'이라는 개념이 글로벌 관점에서 보면 조금 달라지는 경향이 있습니다. 보통은 문화적 차이나 가치의 차이에서 비롯됩니다. 예전엔 한글로 된 교과서나 책만 공부해도 문제없던 시절이 있었지만, 이제는 영어로 된 콘텐츠, 일본어나 중국어로 된 콘텐츠까지 보게 되면서, 우리가 정답이라고 알고 있던 것들이 누군가에게는 오류처럼 보일 수 있다는 걸 알게 됩니다.

예를 들어보죠. 만일, '독도는 일본 땅'이라고 알고 있는 사람들이 더 많다면, AI 세계에서 독도는 일본 땅일까요, 우리나라 땅일까요? 우리가 당연히 우리 땅이라고 알고 있는 개념이, 자칫 AI 세계에서는 일본 땅으로 나타날 수도 있습니다. 대한민국이 중국의 지방 역사라는 중국의 입장이 데이터의 다수 편향성 측면에서 정답처럼 보일 수도 있다는 것입니다.

그런 점에서 AI 세계의 '오류'를 단지 거른다, 제외한다는 개념만으로는 한계가 있을 수 있습니다. 그냥 기존의 교과서를 사용하는 게 더 나을 수도 있지 않을까요? AI 도구가 등장하기 전에, 이렇게 많은 데이터를 한 번에 다루면서 결과를 추출한 적이 없다고 해도 과언이 아닙니다. 따라서 AI의 '오류'를 차이로 다루고, 이를 바탕으로 새로운 관점이나 논리를 만들어가는 노력은 어쩌면 새로운 학문의 영역이 될 수도 있다는 뜻입니다. 너무나 당연한 독도를 일본 땅이라고 생각하는 사람들이 있다는 걸 알게 되고, 그들이 왜 그렇게 생각하는지 알게 되면, 그에 반하거나, 그 생각을 바꾸도록 도울 수 있는 논리를 만들 수도 있게 되는 셈입니다. 그래서 전문 연구자들 사이에서는 AI를 새로운 연구 주제로 삼기도 합니다. 그 '오류'라고 생각했던 부분에서 '차이'가 나타나게 되고, 그 차이를 다루는 과정에서 새로운 학문이 생길 수도 있기 때문입니다.

만일 갈릴레이 시절에 지구가 태양을 돈다고 주장하고, 다수가 그렇게 믿고 있었지만, 그걸 반박하는 사람들과 자료가 있다는 걸 알게 되고, 그 논리를 AI 도구로 활용할 수 있었다면, 더 새로운 반박 논리를 만들 수도 있지 않았을까, 생각합니다. 그러니 AI를 대하는 태도를, '정답을 주는 기계'에서 '여러 가지 의견을 주는 기계'로 바꾸는 것도 앞으로 우리가 살아가야 할 미래 사회에 중요한 태도가 될 수 있지 않을까, 생각해 봅니다.

AI 기술이 발전하면서, 오류가 든 답변은 점점 줄고 있습니다. 좋은 데이터를 많이 사용하고 있고, 검증하는 기술도 점점 발전하고 있으니까요. 하지만 가끔은 예전의 엉뚱한 AI가 그리울 때도 있습니다. 재밌었거든요. '세종대왕과 아이패드'라니, 어떻게 이런 상상을 사람이 했겠어요? 가끔은 재미를 위해서 AI의 예전 모델을 사용해 보는 것도 좋을 듯 합니다. 순전히 재미로 말이지요.

토론 거리

AI의 오류를 잡는 기술에는 RAG, 추론 같은 것들이 있습니다. 어떤 기술인지 찾아보고, 관련 기술을 활용하는 방법에 대해서 논의해 봅시다.

AI와 친구가 될 수 있을까요?

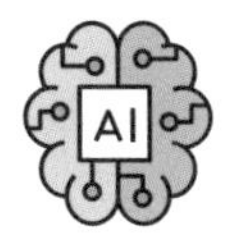

친구의 조건

친구는 한자로 '친할 친(親), 옛 구(舊)'라고 되어 있습니다. 오래도록 가깝게 지낸 사람이라는 뜻으로, 학창 시절 함께 학교를 다녔거나, 한 동네에서 나고 자라면서 오래 본 사이 등 나이나 여러 조건이 같거나 비슷한 관계를 의미합니다. 그런데 조건이 이 정도로 끝난다면, 우리는 정말 친구가 많아야겠죠? 하지만, 친구는 그다지 많지 않습니다. 그 이유는 친구처럼 오래 함께 지내려면 서로 무언가 공감대가 있어야 하기 때문입니다. 조건만 놓고 보자면, 나이가 조금 달라도, 같은 환경에서 같은 공감대를 오래도록 함께한 사람이라면 친구가 될 가능성이 높습니다. 살면서 정말 친한 친구 한 명 정도만 있어도 인생을 잘 살았다고 할 만큼, 평생에 걸쳐 지낼 수 있는 친구 한 명을 만드는 것은 정말 힘든 일입니다. 살아가면서 같은 환경과 같은 가치관을 유지하는 것은 무척 어려운 일이고, 수많은 변화 속에서 서로 의견이 달라지거나 충돌하거나 다툴 가능성도 많기 때문입니다. 그래도 함께한 시간이 있으니 웬만한 다툼도 화해의 과정을 거치긴 하겠지만, 서로 다른 환경에서 생활하다 보면 결국 그 차이가 누적되어서 친구 관계가 소원해질 수 있습니다. 그런데, 만일 친구가 내 마음을 다 알고, 절대 반대하지 않고, 화내지 않는다면, 평생 가는 친구로 남아 있을 수 있지 않을까요?

나를 너무 잘 알고, 절대 화내지 않을 수 있는 AI

나의 절친을 대신할 수 있는 AI는 아직 없을 것입니다. 전 세계 사람들을 다 뒤져도 없을 거라 생각합니다. 그 이유는 기술적인 문제가 아니라, AI에게 내 정보를 다 학습시킨 것이 아니기 때문입니다. 지금의 기술을 놓고 이야기하자면, AI가 나의 일상을 학습하고, 내 친구로 존재할 수 있도록 내가 허락한다면, 얼마든지 AI 친구는 등장할 수 있습니다. 심지어 스마트워치를 차고 있고, CCTV 등의 정보까지 공유한다면, 무서울 정도로 나에 대해 잘 알 수 있는 AI가 될 수 있습니다.

그런 점에서 AI를 인생의 반려적 존재로 만들려는 시도는 많이 있습니다. 영화 속에서도 자주 등장하고 있고, 최근에는 혼자 지내시는 노인분들을 위해 AI 기기를 제공하는 사례도 늘고 있습니다. 개인정보 문제 때문에 완벽하진 않지만, 원하는 노래를 틀고, 원하는 사투리로 대답하고, 원하는 대화를 이어가는 데에는 문제가 없는 수준에 이르렀습니다. 심지어, 스마트워치와 영상을 통해 갑자기 쓰러지거나 위급 상황 발생을 감지하고, 119에 연락하는 것도 가능해지고 있습니다. 대단한 기술처럼 보이지만, 요즘 AI에서는 그다지 어려운 기술이 아닙니다. 오히려 문제는, AI 친구가 늘고 성능이 좋아지면, AI와만 대화하는 사람들이 등장할 수 있다는 점입니다. 감정적으로 다투지 않다 보니, 다투고 화해하는 경험이 적어 실제 인간관계에서 문제가 발생할 수도 있습니다. 실제로 게임에 빠져서 방에서 나오지 않거나, SNS 속에서만 사람들과 관계를 맺고 실제 대인관계를 맺지 않는 사람들의 문제 사례도 점점 많아지고 있으며, SNS 사용이 청소년들에게 해가 된다고 해서 아예 금지해야 한다는 이야기도 나오고 있습니다.

AI 친구의 존재 유무보다는…

AI 기술이 발달한다면, AI 친구의 등장은 너무나 당연한 과정일 수밖에 없습니다. 오히려 AI 친구를 잘 대할 수 있도록 훈련하는 것이 더 중요한 시대라고 볼 수 있습니다. 학교는 수많은 친구를 사귈 수 있고, 사회성을 배울 수 있는 공간이지만, 동시에 마음의 상처를 받을 수도 있는 곳이기도 합니다. 수업을 따라가지 못해 힘들 수도 있고, 잘 맞지 않는 친구와 같은 공간에서 생활하는 것이 힘들 수도 있습니다. 왕따나 학교폭력에 시달릴 수도 있죠. 그런데 이런 어려움들을 제때 충분히 이야기하지 않거나, 주변에서 인지하지 못한다면 상황은 더 심각해지거나, 쉽게 해결할 수 있는 문제가 고치기 힘든 수준으로 발전할 수 있습니다.

이럴 때 AI 친구는 실제 사람 친구보다 더 좋은 대상이 될 수 있습니다. 아무에게도 말하지 않지만, 나의 상황을 먼저 알아채고 위로하며, 심지어 문제가 생길 때 조언을 해줄 수 있는 존재가 될 수 있으니까요. 실제로 사람의 표정이나 심박수 등을 꾸준히 체크하면, 그 사람의 마음 상태를 어느 정도 알아차릴 수 있습니다. 스마트 워치를 통해 심박수의 변화를 체크하고, 여러 센서를 통해 나의 대화를 추적하는 AI라면 얼마든지 가능한 일이지 않을까요? 물론 내가 허락을 해야 하고, AI 친구가 다른 누군가에게 절대 정보를 발설하지 않는다는 조건이 필요하겠지만, 사람 친구에게 이야기하거나 부모님, 선생님에게 이야기하는 데 필요한 용기보다는 훨씬 쉽

우리나라 기업 '미스터마인드'에서 제작하여 지자체에 보급하고 있는 AI 로봇. 위급 상황에 빠진 노인분들을 구하는데 일조하고, 치매 예방 등에도 효과적이라고 합니다.

게 이야기할 수 있을 것입니다. 그런 점에서 'AI 도구'는 점점 범용화될 것이고, 어떤 순간에는 친구가 되고, 어떤 순간에는 선생님이 되며, 또 어떤 순간에는 직원이 될 수 있게 됩니다. 범용 인공지능(AGI)의 등장이 얼마 남지 않았다고 하니, 이 글을 읽는 여러분이 사

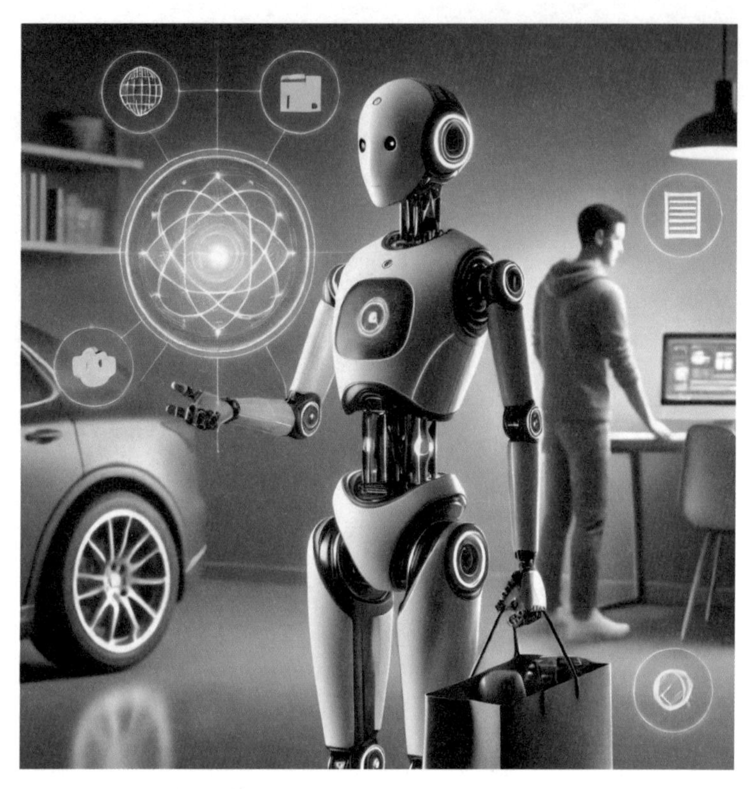
대신 운전을 해주고, 짐을 들어주며, 함께 일도 하는 AI 친구. [챗GPT 이미지]

회에 나갈 때에는 AGI를 만날 수 있지 않을까 싶습니다. 그때가 되면 범용 AI 도구가 선생님이 되고, 친구가 되고, 직원이 되더라도, 실제 선생님, 친구, 직원과의 만남과 교류, 훈련은 반드시 병행되어야 할 것입니다.

AI가 발전하더라도, AI가 훨씬 뛰어날 수 있다 할지라도, 절대 AI에게 맡기지 않을 일이나 직업은 존재합니다. 사람을 통해 받고 싶은 욕구가 있기 때문입니다. AI 친구 역시 마찬가지일 것입니다. AI를 친구로 삼더라도, 나의 수많은 친구 중 하나로만 둔다면, AI 친구는 정말 멋진 친구가 될 것입니다. 그리고 그 친구는 나의 어려움을 이해하고, 어려운 순간에 절대 지치지 않으며, 화내지 않고 지지해 주는 친구가 될 것입니다. 그 친구 덕분에 다시 위로를 받고, 힘을 얻어 세상에 나아가 수많은 실제 친구들과 관계를 이어갈 것입니다. 제대로 된 AI 친구라면, 여러분의 그런 모습을 응원하겠죠?

인공지능 개발자가 되려면?

챗GPT 같은 걸 개발하는 개발자

'개발자'라는 말에는 참 많은 의미가 있습니다. 그래서 이 이야기를 하려면, 어쩌면 책 한 권을 모두 채워도 부족할 수도 있을 거라 생각합니다. 그래서, 인공지능을 직접 다룬다는 전제를 두고 풀어보겠습니다. 아쉽게도, 진짜 이 부분은 아무나 할 수 있는 일이 아닌 것 같습니다. 인공지능을 개발하는 과정에서는 많은 수학적 함수들이 사용됩니다. 시중에 나와 있는 초중급서에서 거론되는 함수만 이해하려고 해도 쉽지 않다는 걸 깨닫게 될 겁니다. 조금 더 깊이 들어가고, 새로운 함수나 모델을 개발하려면 웬만큼 공부해선 엄두도 나지 않을 것입니다. 실제로 세계적인 AI 회사의 핵심 개발자들은 연봉이 최소 수억 원 이상입니다. 보통 연봉 외에 주식도 많이 보유하고 있어서 재산은 수십억 원은 넘을 테고요. 정말 천재들의 세계입니다. 20~30년 전 개발자의 세계가 그랬습니다. 제가 처음 컴퓨터를 접한 게 초등학교 4학년 때였고, 지금도 기억나는 것은 당시 컴퓨터 잡지에서 봤던 애플II의 '가상 메모리' 기술입니다. 당시 20MB의 용량은 획기적인 기술이었죠. 당시엔 메가바이트도 엄청난 용량이었고, KB 단위가 훨씬 많이 사용되던 시절이었습니다. 그 시절 프로그래머는 코드를 짤 때 메모리 용량이 부족해 정말 알뜰하게 사용해야 했고, 코드가 길어지면 실행 속도가 떨어져서 쓸 수 없을 정도였습니다. 그때의 기준으로 본다면 파이썬 같은 고급 프로그래밍 언어는 사용할 수 없었을 겁니다. 그래서 당시에는 적은 코드로 결과를 내는 프로그래머가 인정받았고, 그 이전에는 기계어로 코딩하거나 심지어 종이에 구멍을 뚫어 프로그램을 만들기도 했습니다.

하지만 지금은 다릅니다. 웬만한 프로그램을 실행하는 데 코드 용량은 그다지 중요하지 않게 되었습니다. 그 이유는 메모리 용량이 저렴해졌기 때문입니다. 지금의 인공지능은 매우 비싼 GPU를 몇만 대, 몇십만 대 연결해서 몇 달씩 돌려야 나오는 결과물입니다. 버전 업그레이드 한 번에 수조 원이 들어가기도 하죠. 그래서 인공지능을 마음껏 만들어 작업을 하기엔 비용이 너무 큽니다. 중국의 딥시크가 적은 시간과 비용을 들여 발표한 결과가 80억 원대 중반이었는데, 이 정도 돈이 들어가니 아무나 시도할 수 있는 일이 아닙니다. 하지만 머신러닝 작업을 할 때 들어가는 비용이 점점 낮아지고 있다는 점은 매우 고무적입니다. 요즘은 NPU가 최적화되면서 점점 개발 비용이 줄어들고 있습니다.

혹시 개발자가 되고 싶고, 어느 정도 재능이 있다면, 대학교, 대학원, 유학 코스 등을 밟아보시길 권합니다. 아쉽게도 우리나라의 인공지능 개발 환경은 상대적으로 열악하지만, 전 세계에서 가장 인공지능 기술을 잘 개발할 수 있는 나라는 미국입니다. 유학을 떠나려면 영어 공부도 꽤 해야 하겠죠? 전 세계 천재들 속에서 인공지능 개발자로 성장하고, 대한민국의 멋진 인공지능 서비스를 개발하는 인재가 조만간 나타나기를 기대합니다.

AI 서비스 개발자

생성형 AI가 등장하면서 업무 자동화나 코딩 분야에서도 엄청난 변화가 일어나고 있습니다. 예전처럼 프로그래밍 언어를 배우고 개발하는 데 걸리는 시간은 이제 비교할 수 없을 정도로 줄어들었죠.

제 경험을 하나 소개하자면, 여름에 한 대학교 학생들에게 자바 프로그래밍 언어로 2주간 수업을 진행해야 했습니다. 그런데 저는 자바를 제대로 다뤄본 적이 없었습니다. 하지만 한 달 반 정도의 공부를 통해 수업을 해낸 적이 있습니다. 1~20년 전이면 상상도 못할 일이었지만, 지금은 수많은 생성형 AI 덕분에 코드를 순식간에 개발할 수 있는 시대가 되었습니다. 우리가 생각하는 대부분의 생성형 AI는 API 형태로 사용이 가능합니다. 쉽게 말하면, 원하는 프로그램에 AI 기술을 붙여서 활용할 수 있다는 뜻입니다. 읽기 힘든 논문을 요약하거나, 블로그 홍보 글을 만드는 데에도 쓸 수 있습니다. 그리고 이 API를 활용하는 코드 역시 생성형 AI로 쉽게 생성할 수 있습니다. 약간의 코딩 지식만 있으면 불가능한 일이 없죠.

이처럼 AI를 활용한 서비스 개발자는 매우 쉬워졌습니다. 과거와 비교할 수 없을 정도로 쉬워졌기 때문에, 일부 사람들은 프로그래머라는 직업이 사라질 거라고 주장하기도 합니다. 사실 어느 정도 영향을 주는 건 사실이지만, 프로그래머가 사라질 정도는 아닙니다. 여전히 웹사이트를 제대로 만들기 위해서는 많은 개발 지식이 필요하고, 생성형 AI의 도움을 받더라도 프로그래밍 지식이 부족하면 제대로 활용하기 힘듭니다. 그럼에도 분명히 말할 수 있는 것은, AI를 활용하는 개발자가 되는 것이 그 어느 때보다 쉬워졌다는 점입니다. 그래서인지 평생 코딩을 하지 않고 지내던 기획자가 데이터 분석용 코드를 며칠 만에 배우고 생성해 사용하는 시대가 되었습니다. 인터넷만 있으면 대부분의 생성형 AI 서비스를 무료로 사용하거나, 약간의 비용(대개 월 20달러 정도)만 내면 성능 좋은 유료 서비스도 이용할 수 있습니다. 제 주변에도 클로드와 같은 생성형 AI를 활용해 코드를 만들고 사용하는 분들이 많습니다. 예전에는 그런 분들을 개발자라고 부르지 않았을 직업을 가진 분들이지만, 이제는 그렇게 활용하고 있습니다.

메가넥스트에서 운영하는 국비 개발자 과정. 전액 무료로 진행되며, 저도 강사로 참여하는 과정입니다. 아쉽게도 대졸 청년 대상의 교육 프로그램입니다.

최근 우리나라 정부에서도 다양한 개발자 과정을 국비로 지원하고 있습니다. 아직 청소년을 대상으로 한 개방된 과정은 많지 않지만, 청년이나 대학생을 위한 다양한 과정들이 점점 더 많이 개발되고 공개되고 있습니다. 저도 짧게는 2주, 길게는 6개월씩 이어지는 과정에 참여하여 코딩을 가르친 적이 있습니다. 솔직히 쟁쟁한 교수님들과 비교하면 여전히 부족하지만, 중요한 건 예전에 비해 입문이 훨씬 수월해졌다는 점입니다. 그리고 개발자가 될 수 있는 기회도 많아졌죠. 노력이 들어간다면 누구나 개발자가 될 수 있습니다. 다만, 누구나 개발자가 된다고 해서 모두 좋은 개발자가 될 수는 없다는 점도 염두에 두어야 합니다. 과거보다 프로그램을 개발하는 게 쉬워졌으니, 그만큼 더 복잡한 프로그램도 등장하고, 수많은 사람들이 경쟁하게 될 것입니다. 소비자들은 그만큼 더 까다롭게 프로그램을 선택하고 구매하겠죠. 그래서 "개발자가 되기 쉽다"는 말은 조금은 속이는 것처럼 들릴지도 모르겠습니다. 하지만, 중요한 건 포기하지 않고 도전하는 것입니다. 저도 어릴 때 개발자가 되는 꿈을 가졌고, 실제로 개발자가 되었었습니다. 비록 개발자로서 성공하지 못했지만, 지금도 여전히 개발이라는 분야를 너무나 좋아하는 개발기획자입니다. 여러분도 개발의 길을 걸어가며, 그 안에서 더 많은 기회를 찾고, 성장할 수 있을 것입니다.

토론 거리

요즘 학생들이 사용하는 여러 가지 프로그램을 찾아보고, 그 프로그램의 좋은 점을 서로 이야기하면서, 어떤 개발자가 되었을 때 좋은 프로그램을 만들 수 있는지,를 이야기해 봅시다.

쉬어 가기

지금 우리의 학교 생활과는 꽤 다른 느낌의 이야기라 놀랐을 수도 있습니다. 그러나 이 내용들이 어느 곳에서는 실험적으로, 시범사업으로 이미 구현되고 있다는 점을 알아두면 좋겠습니다. 우리나라는 초중고 공교육 분야에서 세계 최고 수준의 투자를 하고 있고, 학교 환경도 꽤 좋은 편이기 때문입니다. 제 생각에는, 누군가가 결정을 내린다면 내년, 내후년이라도 당장 도입이 될 수 있는 것들입니다.

그런데 막상 도입이 되려 해도 학생들이 거부하면 무척 곤란한 상황이 벌어질 수 있습니다. 어른들도 마찬가지겠지만, 다가올 변화를 알고 대비하면 비교적 잘 받아들이는 편입니다. 하지만 전혀 예상치 못한 변화에 직면하면 혼란을 겪거나 거부하는 경향이 있죠. 우리가 지금 들고 다니는 스마트폰도 정착되기까지 오랜 시간이 걸렸습니다. 그러니 조금은 낯설더라도 배워보고, 상상해보면서 바뀌어가는 학교 생활을 기대해 보는 것도 좋지 않을까요?

3장

[교사] 인공지능 시대에 걸맞는 학교 만들기

2040년의 교실은 여러 가지 주제를 여러 그룹의 학생들이 각자 배우고 익히며, 선생님은 코치로서 전체 학습을 지휘하고 지원한다! [Microsoft Designer]

인공지능 시대,
무엇을 가르쳐야 할까요?

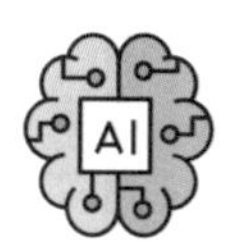

제 직업이 누군가에게 지식을 전달하는 것이다 보니 교육이라는 주제에 자연스럽게 관심을 많이 갖게 되었습니다. 그리고 아이들이 태어나면서 아이들에 대한 교육으로 자연스럽게 관심이 넘어가게 되었죠. 두 아이 모두 청소년이다 보니, 비록 학교 선생님은 아니지만 부모로서 자녀에게 무엇을 가르치면 좋을까를 많이 고민했고, 나름 이런저런 노력도 해 보았습니다.

미래를 가르치기

우리는 많은 문제를 안고 살아갑니다. 인생은 어쩌면 문제를 헤쳐나가는 과정이라고 볼 수도 있죠. 그런데 닥친 문제를 해결하는 데 있어, 당장의 교육은 그다지 효과적이지 않습니다. 그래서 성인이 되면 전문가를 찾고, 컨설팅 같은 것을 받기도 하죠.

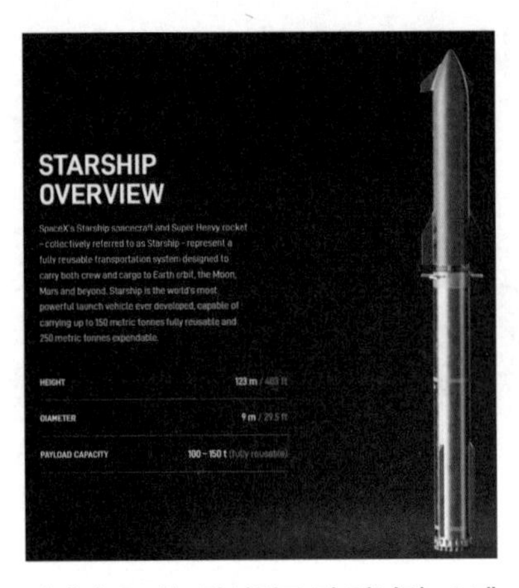

언젠가 우리는 화성에도 갈 겁니다. 스페이스X의 STARSHIP 로켓.
[참조 : SpaceX]

일반적으로 교육은 당장의 문제보다는 '미래의 문제'에 효과적입니다. 특히 짧은 시간의 투자로는 준비할 수 없는 미래의 직업이나 높은 수준을 추구할 때, 교육은 무척 효과적입니다. 그런데 교육이 당장의 문제 해결에 초점을 맞추게 되면 어떻게 될까요? 심지어 교육받는 내용이 과거에는 도움이 되었지만 현재나 미래에는 그다지 도움이 되지 않는 지식이라면, 어떻게 될까요? 아마 교육의 '효과'를 제대로 누리지 못할 것입니다. 그런 점에서 교육은 항상 '미래'를 향하고 있어야 합니다. 짧게는 3~5년, 길게는 10~20년 뒤를 지향하는 것이 바람직하죠. 나름 많은 교육 전문가들이 교육 정책을 논의합니다만, 아쉽게도 치열하게 세상을 살아가는 부모님들의 눈이나 기업가들의 기준에는 미치지 못할 때가 많습니다.

20~30년 전에는 '미래'였지만, 그 사이 변화의 속도를 따라가지 못했다면, 지금 그 기준은 과거에나 적합했던 기준이 될 수밖에 없습니다. 그런 점에서 교육의 첫 번째는, 학생들이 맞닥뜨릴 미래를 지향해야 한다는 것입니다. 유치원을 포함한 모든 교육 기관은 늘 '미래 인재'를 양성한다고 하지만, 그 '미래'가 도대체 언제를 말하는 것인지는 깊이 고민해 보아야 할 것입니다.

정보통신 및 과학기술을 가르치기

여러 가지 이유로, 2019년에 아이들을 위한 수업을 시작했습니다. 두 아이를 위해 아빠가 할 수 있는 최선의 시도를 시작한 셈이지요. '아빠와 함께하는 미래학교'라는 제목을 붙였고요, 제일 먼저 가르치기 시작한 것은 '정보통신(IT)'이었습니다. 스마트폰과 태블릿 세대라고 하지만, 정작 그 기기들이 무엇으로 구성되어 있고 어떻게 작동하는지는 몰랐거든요. 물론 물고기를 먹으면서 물고기의 생물학적 특성을 다 알 필요는 없습니다. 하지만 먼 미래에도 물고기를 잡거나 양식하며 살아야 한다면, 먹으면서 물고기에 대해 공부하는 건 필요하지 않을까요? 하물며 인공지능이니 로봇이니 하며 미래의 스마트 사회를 이야기하면서도, 정작 IT에 대해 모르는 청소년들이 많습니다. 그래서 오래된 컴퓨터를 꺼내 본체를 열어 부속

품 하나하나를 보여 주며 이름을 이야기해 주고, 각 부품의 역할을 설명하기 시작했습니다.

우리가 쓰는 기계 중에 고장이 나지 않는 기계는 없습니다. 사용하다 고장이 나면 수리를 맡기면 될 것 같지만, 급할 때는 내가 고쳐 써야 할 수도 있습니다. 그럴 때, 기계에 대한 기본 정보를 아는 사람과 모르는 사람은 수리 능력에서 차이를 보일 수밖에 없습니다. 게다가 일터에서는 매뉴얼에도 존재하지 않는 상황이 자주 발생합니다. 결국, 일터에 대한 기본기가 뛰어난 사람이 문제 해결에 능할 수밖에 없습니다. 그런 점에서 미래에도 사용할 도구와 지식을 가르치는 건 당연하지 않을까요? 정작 학교에서는 이런 내용을 배우기 어렵다는 것이 아쉽습니다. 그렇게 시작해서 과학과 기술을 가르치기 시작했습니다. 학교 현장에서 수학은 강조되지만, 과학은 상대적으로 덜 강조되는 것이 현실입니다. 심지어 의대를 가겠다면서 수학은 열심히 공부하면서도, 정작 생물은 제대로 모르는 경우도 있다더군요. 무언가 잘못된 것 같지 않나요? 공대를 가겠다면서 물리를 공부하지 않는다면, 우리는 교육을 제대로 하지 못하고 있는 것입니다. 예전에 배웠던 대학에서의 기억을 되살리며 물리학, 화학, 지구과학 등을 다루기 시작했고, 나아가 바다와 우주까지 주제로 삼았습니다. 당장의 성적보다는 아이들이 미래에

만날 수많은 키워드를 미리 생각해 보게 하고 싶었습니다. 빌 게이츠 역시 학창 시절, 누구보다 먼저 컴퓨터를 만났던 경험이 그를 하버드대학교 중퇴 후 마이크로소프트를 창업하게 만든 원동력이 되었다는 점도 주목했습니다.

사람과 어울려 살아가도록 가르치기

4년 넘는 '퓨처스쿨'의 중반부터는 말하기, 쓰기, 역사 등을 가르치기 시작했습니다. 역사는 영어로 'History'라고 하죠. 사람(예전에는 남자들이 사회의 중심이었다 보니)을 의미하는 'He'에 이야기 'Story'를 붙인 단어입니다. 한마디로 사람 이야기, 위인들의 이야기지요. 사람들과 어울려 살아가되, 사람들을 이끌 수 있는 기회를 주기 위해 리더의 이야기, 리더의 말하기와 글쓰기를 가르쳤습니다. 챗GPT가 아무리 글을 잘 써 준다 할지라도, 현장에서 가장 중요한 말하기와 글쓰기는 리더 본인의 몫입니다. 남다른 말하기 실력과 글쓰기 실력을 가진 리더가 얼마나 강력한 영향력을 발휘하는지는 이미 충분히 보고 있으리라 생각합니다.

아, 그리고 사람들과 어울릴 때 어떤 걸 지켜야 하고, 어떤 자세로 살아야 하는지를 알려 주기 위해 '법'과 '에티켓'도 담았었네요.

퓨처스쿨 강의 영상.(2022년 4월 10일 에이브러햄 링컨 편)

살아 보니, 기본적인 법 지식이 얼마나 중요한지 깨닫게 되더군요. 조금이라도 더 일찍 이런 지식을 배웠더라면 좋았을 순간들이 많았습니다. 그리고 서로 다른 가치관을 가진 사람들과 살아가야 하니, 에티켓을 잘 배워 두는 것도 중요하고요.

학교 수업이 나쁘다고 생각하기보다는 '부족하다'고 느꼈습니다. 그래서 그 부족한 부분을 메워 보고 싶었습니다. 지금 학교에서 배우는 수업들도 물론 중요합니다. 다만, 영어를 배우지 못하면 정말 영어로 된 지식을 전혀 얻지 못하는지에 대해서는 고민해 보아야 할 것 같습니다. 인공지능을 배워야 한다면서, 인공지능의 핵심이 되는 수학은 빼 버린다면, 잘못 가르치는 게 아니라 '부족하게' 가르치는 것이 아닐까요? 학생들의 문해력이 떨어지는 이유가 혹시 영어 수업을 너무 많이 해서일 수 있다는 생각은 왜 하지 못할까요? 한글로 2,000개의 단어를 아는 학생이, 한글과 영어 단어를 합쳐 3,000개의 단어를 아는 학생보다 문해력이 더 뛰어날 수 있다는 가능성을 간과한다면, 결국 교육의 결과는 목표를 달성하지 못하게 될 것입니다. 이건 단순히 학교 선생님들만의 노력으로 해결할 수 있는 문제가 아닙니다. 부모님들의 노력, 정책을 만드는 분들의 노력까지 다 함께 어우러져야 하는 부분입니다. 이 글 안에 모든 걸 담아내진 못했지만, 책의 말미에 '아빠와 함께하는 미래학교'의 수업 제목을 모두 정리해 두었습니다. 조금이나마, 미래 학교에 대한 고민에 도움이 되었으면 좋겠습니다.

토론 거리

선생님이 학생 때 배웠던 과목과 현재의 과목을 비교해 봅니다. 어떤 과목이 새롭게 생겨났고, 어떤 과목이 사라졌는지, 왜 그렇게 되었는지 토론해 봅니다. 그리고 20년 뒤에는 어떤 과목이 생기고, 어떤 과목이 사라질지 토론해 봅시다.

인공지능 시대,
어떻게 가르쳐야 할까요?

가르치는 방법, 교수법이라고도 합니다. 모든 직업에는 저마다의 전문 기술이 있습니다. 가르치는 선생님들에게는 '잘 가르치는 방법'을 아는 것이 무엇보다 중요하지요. 이러한 가르치는 기법, 즉 교수법은 수십, 수백 년의 역사를 가지고 있습니다. 그리고 인공지능(AI)이 등장하기 전까지는 교수법 역시 큰 변화 없이, 꾸준히, 연속적으로 발전해 왔습니다. 그렇다면, AI 시대의 교수법은 어떻게 바뀌고 있을까요?

자기주도 학습이 되도록 가르치기

코로나 시절, 대부분의 학생들의 성적은 떨어졌지만, 약 5% 정도의 학생들은 오히려 성적이 올랐다고 합니다. 바로 '자기주도적인 공부'가 가능한 학생들이었지요. 자기주도 학습이란, 한마디로 자신이 공부할 내용을 스스로 결정하고, 공부 계획을 세우고, 스스로 학습하는 것입니다. 이를 위해서는 자신에게 필요한 부분이 무엇인지 정확하게 판단할 수 있어야 하고, 적절한 도구(예를 들어 교재나 강의 등)를 활용할 줄 알아야 합니다. 다시 말해, 수업의 목표, 학습 자료, 학습 계획까지 전부 학생이 주도적으로 세우는 것이지요.

사실, 인공지능이 등장하지 않았어도 이 정도 수준의 자기주도 학습은 가능했습니다. 하지만 이를 체계적으로 검토하거나 실험해 볼 기회는 많지 않았습니다. 코로나라는 특수한 상황이 비대면 수업 환경을 만들면서, 자기주도 학습의 효과가 다시 한 번 검증되었다고 볼 수 있습니다.

자기주도 학습이 제대로 이루어지려면, 학생이 자신의 수준을 정확하게 평가할 수 있어야 합니다. 그런데 기존에는 이런 평가는 특별한 환경이나 능력을 가진 학생들에게만 가능했습니다. 선생님이 도와줄 수도 있지만, 너무 많은 학생들과 너무 많은 과목을 동시에 다루기에는 한계가 있을 수밖에 없었죠. 바로 이 부분에서 인공지능이 빛을 발합니다. 처음에는 모든 학생이 동일한 도구로 출발하지만, 시간이 지날수록 학생 개개인의 데이터가 축적되고, 분석

결과가 교사에게 전달됩니다. 인공지능은 학생이 어려워하는 부분을 반복해서 학습할 수 있도록 돕고, 교사가 그 과정에 효과적으로 개입할 수 있도록 합니다. 결과적으로 선생님의 제한된 시간을 모든 학생에게 똑같이 나누기보다는, 도움이 꼭 필요한 학생에게 집중할 수 있게 되죠. 이렇게 되면 점차 학생들의 자기주도 학습 능력이 강화되고, 교사는 또 다른 교육적 변화를 시도할 여유를 가질 수 있습니다.

출처 발표연도	주요 내용	성적 하락 수치	비고
한국교육개발원 (KEDI), 2021	원격 수업으로 학습 결손 발생, 저소득층 및 지방 학생 피해 심화	약 5~10% 하락	초중고생 대상, 수학·과학 중심
OECD PISA 조사, 2022	읽기, 수학, 과학 성적 하락, 특히 읽기 영역에서 사회적 상호작용 감소 영향	약 3~5% 하락	2018년 대비, 15세 학생 대상
서울시교육청 보고서, 2021	도시 학생은 온라인 적응 빠름, 농촌 학생은 자원 부족으로 성적 하락 심화	최대 10% 이상 하락	지역별 격차 강조
경기도교육청 조사, 2021	디지털 격차로 학습 기회 불균등, 중학생 이상에서 문제 해결 능력 저하 관찰	약 5~8% 하락	중고생 중심, 학습 동기 저하 포함
교육부 학습 결손 분석, 2022	대면 수업 회복 후에도 누적된 학습 공백으로 성적 회복 느림	약 2~5% 하락	학습 회복 프로그램 효과 일부 반영

코로나 시기 학생들의 성적 하락에 대한 현황 [Grok DeepSearch 활용]

티칭에서 코칭으로

저도 국제 코치 자격증을 보유하고 있습니다. 코칭은 정말 강력한 도구입니다. 다만, 효과적인 코칭이 이루어지기 위해서는 코치뿐 아니라 코칭을 받는 사람도 상당한 준비가 되어 있어야 합니다. 코칭은 주로 질문을 통해 이루어지는데, 이 질문이 정교할수록 코칭의 효과는 커집니다. 하지만 질문이 정교해지려면, 이를 받아들이는 사람이 그 질문에 대해 폭넓은 해석을 할 수 있어야 하죠.

앞서 이야기한 자기주도 학습의 전제를 기억하시나요? 바로 '자신의 상황을 정확히 판단하고, 자신에게 맞는 학습 목표와 계획을 세울 수 있어야 한다'는 것이었습니다. 이것이 제대로 작동한다면, 학생들은 빠르게 성장할 수 있고, 다양한 질문에 능동적으로 반응할 수 있는 힘을 갖게 됩니다. 그래서 처음에는 잘 설계된 표준 커리큘럼으로 시작하는 것이 좋고, 성장할수록 다양한 변화를 수용할 수 있는 유연한 학교나 수업이 더욱 효과적으로 작동합니다. 이 단계에서 교사는 정보와 지식을 전달하는 역할을 넘어서, 학생이 스스로를 돌아보고 앞으로 나아갈 방향을 고민할 수 있도록 돕는 질문을 할 수 있게 됩니다. 이러한 질문은 학생들이 기존 교과서나 수업의 범위를 벗어나 자신의 학습을 성찰하게 만듭니다. 물론, 우리나라 교육은 상당히 획일적인 구조를 가지고 있습니다. 이것이 단점만은 아닙니다. 앞서 말했듯, 잘 구성된 수업과 교육 시스템은 빠른 성장을 가능하게 해줍니다. 실제로 학업 성취도 측면에서 한국의 순위가 높은 이유는, 이처럼 체계적으로 설계된 교육 덕분이기도 합니다.

하지만 문제는 빠르게 성장하는 학생들에게 기존의 획일적인 교육이 오히려 제한이 된다는 점입니다. 우수반을 따로 운영하기도 쉽지 않고, 더 깊이 공부하고 싶어 하는 학생들을 위한 맞춤형 대응도 어렵습니다. 게다가, 교과 과정에 포함되지 않은 분야에 대한 관심은 반영되기조차 힘듭니다. 이럴 때 코칭이 큰 힘이 됩니다. 학생이 자신의 길을 스스로 찾고, 스스로 나아가도록 돕는 방식이기 때문이죠. 선생님들도 각자의 관심과 재능에 따라 특별한 경험과 역량을 지닌 경우가 많습니다. 어떤 분은 피아노를 아주 잘 치고, 어떤 분은 그림에 뛰어난 재능이 있습니다. 이러한 재능을 필요로 하는 학생들을 만났을 때, 비록 대부분의 시간은 기존 수업에 할애하더라도, 교사 개인의 경험을 바탕으로 새로운 길을 제시할 수 있는 조언자가 될 수 있습니다. AI 기반 교육 시스템이 잘 갖추어진다면, 많은 선생님들이 코치로서, 그리고 새로운 분야의 길잡이로서 역할을 할 수 있을 것입니다.

과제 해결 중심으로의 전환

AI가 대부분의 수업을 진행하게 되면, 교사에게는 더 많은 여유가 생깁니다. 그 여유는 학생들이 미래에 마주할 다양한 상황을 이해하고 준비할 수 있도록 돕는 기반이 됩니다. 그 결과, 단순한 조언을 넘어서, 학생들에게 의미 있는 과제를 제시할 수 있는 기회를 얻게 됩니다. 최근 대학에서도 과제 중심, 프로젝트 기반 수업이 점점 늘어나고 있습니다. 고등교육이 단순히 어려운 개념을 배우는 것을 넘어, 그 지식을 실제 현장에 적용할 수 있도록 변화하고 있는 것입니다. 예전처럼 기업이 대학생들을 받아 실무를 체험하게 하던 시대는 지나가고, 이제는 대학이 그 역할을 담당하게 되었죠.

하지만 꼭 이런 교육이 고등학교 졸업 이후에만 가능한 것은 아닙니다. 이미 많은 학교에서 팀을 구성해 다양한 과제를 수행하도록 돕고 있습니다. 앞으로는 이 과제 중심 학습이 대부분의 수업 방식으로 확대될 수 있는 계기를 만들 수 있습니다. 물론, 모든 학생에게 동일한 과제를 제시하는 데는 한계가 있습니다. 교사의 부담이 줄어들수록 다양한 과제를 제공할 수 있는 가능성은 커집니다. 학생들의 수준에 따라 과제를 차별화하거나, 아예 전혀 다른 주제의 과제를 통해 새로운 경험을 유도할 수도 있습니다.

두세 명의 소규모 팀부터 여덟 명 이상의 대규모 팀까지 다양한 구성을 통해, 더 복잡한 상황을 체험할 수 있는 환경도 만들 수 있습니다. 지금과 같은 상황에서는 이런 수업을 실행하는 것이 현실적으로 어려울 수 있습니다. 너무 많은 변수가 있어 지도가 어렵기 때문입니다. 따라서, 기존 수업이 일정 부분 AI 기반 시스템으로 대체되지 않는 한, 이런 수업이 일반화되기는 쉽지 않을 것입니다.

파트너로서의 역할

저도 가르치는 역할을 많이 해왔지만, 때로는 멘토나 코치로 참여하기도 합니다. 주로 대학생이나 청년들로 구성된 팀에 관여하는데요, 제가 관여할 때와 아닐 때의 결과 차이는 꽤 큽니다. 물론 저도 정답을 제시할 수 없는 프로젝트가 많습니다. 하지만 제가 직접 수행한다는 마음으로 다양한 생각을 공유하는 과정에서, 학생들이 스스로 큰 도약을 이루는 경우를 자주 보게 됩니다.

정보통신 기술에 비교적 능했던 저는, 한때 '전 세계 어디에 있든 똑같은 정보를 접할 수 있을 것'이라는 기대를 한 적이 있습니다. 하지만 결과는 참혹한 실패로 끝났습니다. 그 경험을 통해 깨달았죠. 정보를 다루는 방식, 축적된 경험, 그리고 눈에 보이지 않는 암묵지

중국의 인공지능 Qwen이 그려준 미래 교실의 수업 모습.

같은 요소들이 실제 현장에서는 엄청나게 중요한 역할을 한다는 사실을요. 아무리 치열하게 살아도, 치열한 삶을 10년 동안 살아온 사람과 30년을 살아온 사람 사이에는 큰 차이가 있습니다. 그런 상황에서 함께 팀을 꾸리게 되면, 경험과 지식의 간극이 오히려 빠른 전달을 가능하게 하고, 서로 다른 시각이 어우러지면서 획기적인 성장이 이루어지기도 합니다.

그래서 많은 기업들은 팀을 구성할 때 베테랑과 신입을 함께 배치하고, 때로는 외부 전문가까지 참여시켜 더 나은 성과를 이끌어내기 위해 노력하는 것이겠죠. 물론 학교 현장에서 기업의 모든 방식을 그대로 적용하기는 어렵습니다. 하지만 교사의 참여가 학생들의 성과를 획기적으로 향상시킬 수 있다는 기대는 충분히 실현 가능하다고 생각합니다. 다만, 그 참여가 학생들이 하지 못하는 것을 '대신 해주는' 방식이어서는 곤란합니다. 교육의 핵심은 '성장'이기 때문에, 가능한 한 학생들의 힘으로 해내도록 돕고, 교사는 약간의 촉매제가 되어주는 것이 바람직합니다. 저 역시 미래 교육에 대해 많은 고민을 하고 있습니다. 하지만 이 고민에는 끝이 없을 것이라 생각합니다. 세상은 계속 변화하고 있고, 그에 따라 가르치는 방법 역시 그때그때 달라질 수밖에 없으니까요. 그런 점에서, 인공지능 기반 교육 시스템 덕분에 교사들이 더 많은 시간과 에너지를 교수법 개발에 쏟을 수 있는 시대가 오기를 진심으로 기대해 봅니다.

학생들이 챗GPT를 쓰도록 하는 게 좋을까요?

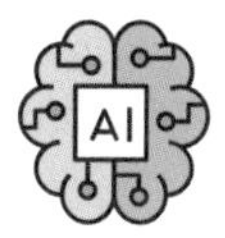

위의 질문은 참 어렵고, 중요한 질문입니다. 결론부터 말하자면, 처음부터 사용하게 하는 건 좋지 않습니다만, 결국 잘 사용하도록 도와주어야 할 부분이라고 생각합니다. 현재의 인공지능 수준은, 세계 최고 수준의 대학원 석사 수준에, 그것도 상위 10% 이내 수준이라고 합니다. 한 분야가 아니라 웬만한 전공 분야 모두에서 이 정도 수준을 구현합니다. 이걸 바탕으로 전문적인 데이터를 학습시키고, 튜닝까지 거치게 되면, 상위 5% 아니 상위 1% 수준까지 올리는 것도 가능해집니다. 그러니 이런 수준의 AI에 '맞서도록' 가르치는 것은 정말 쉬운 일이 아니고, 이런 AI를 쓰지 말라고 하는 건 어불성설이겠지요. 그런데 한 가지 희망이 있다면, 이런 AI를 기업은 적극적으로 쓰려고 하지 않습니다. 안 쓰는 건 아니지만, 조금은 조심스럽게 도입하는 편입니다. 그 이유는, 상위 석사 10%가 대단해 보여도, 기업 현장에 가면 그냥 좀 똑똑한 신입사원일 뿐이기 때문입니다.

AI는 괜찮은 과외선생님

생성형 AI 등장 이후, 저는 한동안 힘든 시간을 보내야 했습니다. 사실, 너무 강력해서 제 일과 직업이 사라질 것 같았거든요. 글을 만들어내는 속도며, 그 전문성이며… 우울증에 빠질 뻔 했습니다. 그런데 한 2년 정도 치열하게 사용하다 보니, 지금은 어디에 어떻게 쓰는 것인지 알겠더군요. 대부분의 글쓰기에서 AI는 뒤로 밀려납니다. 사용하지 않는 건 아니고, 일부의 조언자로 사용합니다.

가장 이상적인 학교의 모습 중 하나가, 학생 한 명당 교사 한 명이 있는 것입니다. 예전 왕세자들은 당대 최고의 학자들로부터 배웠습니다. 그러니 제대로만 공부하면 어떤 신하도 무시하기 힘든 왕이 될 수 있었습니다. 모든 학생들이 그런 상황에 놓여진다면, 아마 지금까지 상상도 못할 정도의 성적 향상이 이루어지겠지만, 문제는 너무 많은 비용이 든다는 거죠. 그런데 이걸 해결해 준 게 바로 생성형 AI입니다. 웬만한 분야에 대해, 세계적인 대학원 석사

10% 이내 과외 선생님이 되어줄 수 있는 거지요. 이건 어떤 선생님이 와도 대체할 수 없습니다. 저 역시 AI를 과외 선생님처럼 이용합니다. 그랬더니 책 구매량이 줄기 시작하고, 정말 다양한 분야에 대해 많은 공부를 효과적으로 할 수 있었습니다. 그런 점에서 AI를 적극적으로 활용한다면, 학습 효율을 아주 크게 높일 수 있습니다.

AI를 주는 상황/시점이 중요하다!

인공지능 스피커가 나오기 시작하면서, 저도 네이버 클로바 스피커를 하나 장만했습니다. 처음엔 이것저것 묻기 시작하면서 신기했지만, 얼마 안 가서 그냥 음악 듣는 스피커로 전락하더군요. 써보시면 알겠지만, 사람한테 묻는 것에 비해서 음성 커뮤니케이션이 많이 느리고 불편합니다. 또 그 당시엔 지금처럼 AI 성능이 뛰어나지도 않았고요. 얼마 안 가서 아이들의 장난감이 되어 버렸습니다. 그런데, 아이들이 쓰기 시작하니 사용 용도가 완전히 달라지기 시작했습니다. 저한테는 불편한 AI 스피커가 아이들의 좋은 학습 도구가 되기 시작한 거죠. AI 스피커가 아이들에게 도움을 주는 모습을 보면서 안심하게 되었고, 나아가 AI 스피커가 시험 문제의 답을 알려주는 건 아닌가 걱정할 정도가 되었습니다. 그래도 글을 읽고, 산수를 배우고, 여러 공부를 어느 정도 한 상태가 되면, 묻고 싶은

아이들의 좋은 벗이었던 AI 스피커. 왼쪽부터 KT 기가지니, 네이버 클로바.

내용이 많이 줄어듭니다. 모르거나 궁금한 내용에 대해 질문할 경우 AI는 굉장히 유용한 도구입니다. 스마트폰처럼, 처음부터 놀이 도구로 주기보다는, 뭔가 찾고 활용하는 도구로 쓴다면 무궁무진해지는 것처럼, 인공지능 도구 역시 마찬가지라고 생각합니다. 그런 점에서 언제 어떻게 주느냐를 잘 선별하는 게 필요해 보입니다. AI 스피커 정도라면 초등학교 저학년에게 주어도 괜찮을 것 같고, 스마트폰이라면 10대 초반에 주어도 괜찮지 않을까 싶습니다. 물론, AI 스피커나 스마트폰을 통제하는 능력은 별개인 만큼 이 부분은 세심한 주의가 필요하다는 점은 알아두시면 좋겠습니다.

AI를 분별하는 능력

현재 기술로, 할루시네이션(착시)은 줄어들지언정 사라지게 하기가 힘듭니다. 사실, 할루시네이션은 완전 제거가 힘들어요. 모든 학습

데이터를 개발하려는 사람이 선별하면 모를까, 빅데이터와 머신러닝 하에서는 매우 어려운 일입니다. AI 시대에 무엇을 어떻게 가르칠지 고민했다면, 아이들이 엉뚱한 내용을 지식으로 쌓지 않도록 하는 게 얼마나 중요한지 알게 됩니다. AI는 빅데이터를 머신러닝해서 탄생하는 도구라, 엉뚱한 내용을 사실로 제시할 가능성이 꽤 많습니다. 그래서 아이들에게 그런 정보를 분별하는 능력을 키워주어야 하는데, 이게 학습의 초기 단계에서는 매우 힘듭니다. 앞서 언급한 것처럼, AI를 주는 시기와 상황이 중요한 이유가 여기에 있습니다. 하지만, 아무리 시기와 상황을 조절한다 하더라도 AI가 제시하는 내용을 분별하는 능력을 갖지 못한다면, 오히려 부정적인 영향을 줄 수도 있지 않을까 생각합니다.

그런 점에서 아이들에게 AI를 분별하는 능력을 갖도록 하는 게 중요해집니다. 저도 2년 동안 생성형 AI와 싸우면서 가장 힘들었던 게 바로 결과물에 대한 신뢰 부분이었습니다. 결국, 이 부분은 검증된 교육과 도구로 얼마나 열심히 공부했느냐에서 결정되더군요. 저도 AI 등장 이후 책 구입량이 5분의 1 정도로 줄어들었습니다만, 이미 1만 권의 책을 사고, 수천 권의 독서를 한 상태였기에 어느 정도 분별이 가능해졌습니다. 즉, 아무리 AI가 좋아도, 교육 현장에서 엄선된 교과서의 가치, 선생님의 가치가 완전히 사라질 수 없다는 뜻입니다. 새로운 과목이 생겨나고, 새로운 학습 도구(AI 기반 교과서 같은)가 등장하는 정도이지, AI를 분별하는 기본 능력은 결국 선생님과 학생, 학교의 몫이 될 것입니다.

국가	학교	활용 사례
한국	가곡초등학교	구글의 생성형 AI '제미나이'를 활용하여 수업 아이디어 개발 및 자료 생성
	샘말초등학교	AI 기반 코스웨어와 에듀테크를 활용한 교수-학습 혁신
미국	애리조나 주립대학교	챗GPT를 활용한 개인화된 AI 튜터 구축
	AltSchool	AI를 활용한 맞춤형 학습 제공 (현재는 폐교)
	로스앤젤레스 통합교육구	AI 챗봇 'Ed'를 활용한 학생 관리 및 학습 지원
영국	데이비드 게임 칼리지	AI를 활용한 '교사 없는 교실' 도입
	페이크먼 초등학교	AI 수학교사를 통한 1대1 수학 지도
	Willowdown 초등학교	AI를 활용한 학생 글쓰기 향상 프로그램 도입
	Furze Platt 고등학교	가상 '찰스 다윈'과의 상호작용을 통한 진화론 학습

인공지능 시대
창의성이란?

이 책을 쓰면서 가장 까다로운 주제라고 생각한 부분으로 창의성을 정의하기가 점점 어려워지고 있습니다. 생성형 AI가 등장하면서 소설을 쓰고, 그림을 그리고, 작곡에 영상까지 생성하고 있으니까요. 몇 년 전만 해도 AI는 인간의 창의성을 따라올 수 없으며, 그래서 소설가나 디자이너는 살아남을 것이라고 했었거든요. 인공지능 시대에 창의성은 무엇을 의미하는지 함께 살펴보려 합니다.

창의성의 정의

저는 창의성을 정의할 때 두 가지 요소를 꼭 언급합니다. 하나는 기존의 것과는 무언가 달라야 한다는 점, 또 하나는 기존의 무언가와

2019년, 뉴욕 크리스티 경매에서 5억 원 가량 받은 그림. Obvious라는 AI가 그린 '에드몽 드 벨라미' 초상화.

비교했을 때 더 효과적이어야 한다는 점입니다. 예를 들어, 자동차가 창의적인 도구로 받아들여지기 위해서는 기존의 말과는 다른 점이 있어야 하고, 말보다 더 나은 결과를 끌어낼 수 있어야 합니다. 100여 년 전 자동차의 등장이 얼마나 충격적이었을지를 생각해본다면, 비행기의 등장이나 우주선의 등장 역시 창의적인 결과물이라는 점을 우리는 받아들일 수 있습니다. 그런데 그림이나 음악, 영화 같은 예술 분야에서는 이 비교가 좀 애매해집니다. '더 재미있는 창의성'이라고 말할 때, 그 '재미'를 어떻게 정의하느냐에 따라 결과물을 창의적이라고 판단하지 않을 수도 있거든요. 따라서 일반적인 '창의성'을 다루기보다는 어느 정도 범위를 정해놓고 접근할 필요가 있습니다.

창의적인 존재가 되기 위한 전제 1 : 기존의 것

우리가 잘못 알고 있는 전제 중 하나가 '신입사원이 기존의 과장,

부장님보다 더 창의적이다'라는 생각입니다. 무조건 아니라고 할 수는 없겠지만, 대체로는 맞지 않습니다. 가장 큰 문제는 '기존의 것'을 기준으로 평가해야 한다는 점입니다. 그런데 신입사원의 지식과 경험은 과장, 부장님과 비교할 수 없을 정도로 좁다는 게 문제입니다. 그러다 보니 본인에게는 새로운 지식과 경험, 방법이라 할지라도, 기존의 분들에겐 이미 알고 있던 것일 가능성이 높습니다.

제가 대학생과 청년들을 대상으로 멘토링, 코칭을 할 때, '검색해서 나오지 않는다'는 이유로 '세계 최초'라는 말을 쉽게 사용하는 것을 많이 봅니다. 지금이야 검색해서 안 나오는 게 거의 없다고 느껴지겠지만, 제가 활동하던 1990년대만 해도 검색이라는 게 막 등장한 시기였고, 그나마 웹사이트로 만들어진 일부 정보만 검색됐습니다. 지금도 세계 최고라고 불리는 구글 검색 엔진의 DB는 전 세계 웹사이트 정보의 약 15% 정도라고 합니다. 그러니 검색되지 않는다고 해서 창의적인 것이라고 단정하긴 어렵다는 거죠.

따라서 정말 창의적인 사람이 되려면 정말 많은 것을 알아야 합니다. 치열하게 공부하고, 경험하고, 찾아보고 고민한 사람만이 진정한 창의성의 첫 번째 전제를 달성할 수 있다는 점입니다. 전 세계의 웬만한 텍스트 정보는 거의 다 학습한 인공지능이 사람보다 더 많은 정보를 알고 있을 테니, 인공지능이 모르는 정보를 인간이 아는 것은 매우 힘들 것입니다. 하지만 인공지능은 디지털 정보로 저장되거나 기록될 수 있는 것만 학습합니다. 이 세상의 모든 디지털 정보를 학습했다고 해서, 인공지능이 모든 것을 안다고는 할 수 없겠지요. 그런 점에서 인간이 가진, 검색되지 않고 기록되기 어려운 경험의 어떤 영역에서 창의성이 출발할 수 있다는 전제가 성립합니다.

창의적인 존재가 되기 위한 전제 2 : 효과적인 것

인공지능을 활용하면 책 쓰기가 쉽다고 말하는 분들이 있습니다. 음, 저는 동의하지 않습니다. 약간 쉬워진 부분이 있긴 하지만, 정말 '책 같은 책'을 쓰려면 인공지능을 활용할 여지가 그리 많지 않다는 점을 말해드리고 싶습니다. 인공지능은 기존 데이터를 기반으로 학습합니다. 그리고 통계적으로 유의미한, 보다 반복적인 패턴을 위주로 제공합니다. 즉, '새로운 방법'이 아닐 가능성이 높다는 거죠. 처음 챗GPT가 등장했을 때, 저는 두 달 정도 우울증에 빠질 정도로 충격을 받았습니다. 그런데 두 달쯤 지나자 AI 도구가 오히려 성가시게 느껴지기 시작했습니다. 챗GPT의 등장과 함께 아주 큰 이슈가 되었던 '할루시네이션(착시)' 현상 때문인데요. 실제 존재하지 않는 정보를 마치 존재하는 것처럼 생성하는 문제였습니다. 이로 인해 나온 결과물이 실제 존재하는 내용인지 확인하는 데 시간이 더 오래 걸리곤 했습니다. 전체의 일부라고는 하지만, 그 '일부의 오류'가 전체를 망칠 수도 있는 것이 바로 '프로'의 세계거든요.

사람들이 원하는 '새로운 무언가'를 주기 위해 AI를 활용하면서도, 그 확인 작업 때문에 오히려 비효율적인 상황이 만들어졌던 것입니다. 그래서 꽤 오랫동안 저는 인공지능을 창의적인 도구라고 보지 않았습니다. 바로, 두 번째 기준인 '더 나은, 더 효과적인 도구'가 되지 못했기 때문입니다. RAG라는 검색 기반 AI가 등장하면서 할루시네이션은 많이 줄었지만, 현재의 AI 기술로는 이를 100% 해결할 수는 없습니다. 결국 이 부분은 사람이 어느 정도 공부하고, 연구해서 해결해야 합니다. 그럼에도 요즘 인공지능이 좋은 이유는, 여러 도구를 결합하여 사용할 때 숙련된 사람들에게는 매우 괜찮은 가능성을 보여주기 때문입니다. 글을 쓰다 보면 갑자기 막히는 경우가 있는데요, 그럴 때 여러 AI에게 질문을 던지고 대화를 이어가다 보면 새로운 실마리를 찾게 되고, 계속 글을 이어갈 수 있게 되는 경우가 많습니다. 기존의 검색 도구에 비해 AI 도구가 창의적인 도구로 자리 잡는 순간이 온 것입니다.

'효과'를 검증할 수 있는 능력 역시 기존의 경험과 지식에서 비롯됩니다. 최근 AI 도구 때문에 프로그래머 채용이 급감한다는 이야기가 나오는데요, 정확히 말하면 '초급 프로그래머'가 줄고 있는 것이고, 베테랑 프로그래머의 몸값은 오히려 올라가고 있습니다. 베테랑 프로그래머에게 코드 생성 AI 도구는 신입사원 몇 명의 역할을 대신하면서도 훨씬 적은 비용으로 사용할 수 있기 때문입니다. 즉, AI를 활용하는 베테랑 직원 한 명의 성과가 몇 배, 몇십 배 증가하다 보니 오히려 그 가치는 높아지는 것입니다. 새로운 AI 도구가 등장할 때마다 환영하는 사람들이 있습니다. 바로 현장에서 치열하게 경쟁 중인 베테랑들입니다. 따라서 AI 도구를 창의적으로 활용하려면, 현장에서 치열하게 경쟁할 수 있는 수준이 되어야 합니다. 단언컨대, 새로운 작곡 도구와 영상 도구는 기존의 유명 작곡가와 영상 제작자들의 생산성을 높이는 창의적 도구가 될 것입니다.

미래의 창의적 존재가 되려면

이제 창의성의 개념에 대해 실마리를 조금 찾으셨나요? 과거와 똑같은 공부, 똑같은 경험으로는 AI에게 밀릴 수밖에 없습니다. AI를 창의적인 도구로 쓰려면, 결국 더 많은 지식과 경험을 갖추어야 합니다. 특히 현장에서의 경험치가 무엇보다 중요한 시대가 열렸습니다. 이 경험을 갖추기 위해 시간과 비용을 치러야 하는 시대가 된 셈입니다. 세계적인 물리학자들이나 수학자들은 슈퍼컴퓨터 같은 계산기를 사용하되, 입력할 새로운 수식을 끊임없이 고민합니다. 인공지능의 최신 알고리즘도 검증하려면 꽤 많은 시간과 노력이 듭니다. 결국 탑클래스들 사이에서 AI는 창의적 도구가 되는 것입니다. 따라서 미래에도 창의적으로 살아가고 싶다면, 인공지능이 가질 수 없는 현장의 경험을 갖추어야 합니다. 더 치열하게 살아야겠지요. 하지만 창의적인 것이 꼭 치열한 결과물만을 의미하는 것은 아닙니다. AI는 많은 데이터를 필요로 하기에, 데이터가 많지 않은 분야에서는 탁월한 성능을 구현할 수 없습니다. 그렇다면, 인공지능이나 로봇이 아직 접목되지 않은 새로운 분야에 도전해 보면 어떨까요? 언젠가 AI가 따라오겠지만, 그 시점에 먼저 도전한 여러분은 이미 베테랑이 되어 있을 것입니다. 그때 AI 도구는 여러분에게 '창의적인 도구'로 느껴지겠지요.

AI보다 더 똑똑한 사람이 되기 힘들다면, AI가 건드리지 못하는 분야에 도전하는 것도 괜찮은 방법입니다. 그리고, 제 주변의 인공지능을 오래전부터 연구하던 분들이 자주 하는 말이 있습니다. 인공지능을 연구할 때는 자신이 살아 생전에 AI가 빛을 볼 거라고 생각하지 못했다는 이야기입니다. 즉, 그분들이 도전했던 20여 년 전,

인공지능은 정말이지 아무도 관심을 가지지 않던 분야였다는 점입니다. 그러니 지금 우리 주변에서 새롭거나, 관심을 덜 받는 분야를 찾아 도전해 보세요. 10~20년 뒤, 여러분이 그 분야에서 가장 뛰어난, 가장 창의적인 존재가 되어 있을지도 모릅니다.

xAI Grok이 제안하는 20년 뒤 각광받을 수 있는 분야 / 현재의 인공지능이 도움을 주지 못할 분야

①감정과 직관 관련 직업: 새로운 음악과 미술

②복잡한 윤리적 결정: 새로운 법률의 제정, 윤리/도덕적인 판단

③체험적 학습: 등산, 탐험 등

④인간의 신체적, 감각적 경험: 새로운 요리를 만드는 쉐프, 유명한 축구 선수

인공지능을 가르치기 위해 뭘 배워야 하나요?

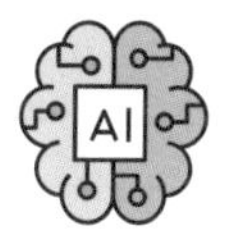

우리나라도 인공지능을 학교에서 가르치기 위해 많은 노력을 하고 있습니다. 필요한 위원회도 출범해서 많은 회의를 했고, 'AI 교과서'도 등장했지요. 그런데 AI를 가르치기 위해 별도의 선생님을 채용할 수도 있겠지만, 기존의 선생님들이 AI 교과서를 가르쳐야 할 수도 있는 상황입니다. 앞으로 AI 교과서를 다루고, AI로 가득한 교실에서 선생님의 역할을 제대로 하려면 어떤 준비를 해야 할까요?

인공지능의 핵심 개념에 대한 이해

인공지능이 발전하기 위해 반드시 필요한 세 가지 요소가 있습니다. 빅데이터, 강력한 컴퓨터, 뛰어난 알고리즘입니다. 나중에 새로운 인공지능이 등장한다면 달라질 수도 있겠지만, 현대의 인공지능은 전부 이 세 가지 요소를 갖추고 있습니다. 인공지능은 생각보다 단순한 기계입니다. 엄청나게 많은 데이터를 입력받아서, 그 데이터에서 어떤 패턴이나 연결 고리를 무작위적으로 계산하는 알고리즘으로 계산한 후, 결과적으로 가장 효과적이거나 가능성이 높은 결과물을 채택해 서비스하는 것입니다. 어떻게 보면 아주 간단한 (물론 점점 복잡한 계산으로 발전합니다만) 접근법으로 수많은 계산을 시도해서 결과를 찾는 거죠. 그래서 어떻게 보면 단순한 시스템이기도 합니다. 이 요소를 잘 이해하면, 인공지능을 만드는 데 있어 무엇이 필요한지 알게 됩니다. 적어도 학교 현장에서 새로운 AI를 만들 수는 없다는 결론이 나옵니다. 즉, 학교 현장은 AI 기술을 접목한 도구를 쓰거나, AI 기술의 활용법을 배우는 곳이라는 뜻입니다. 교사가 복잡한 수학적 알고리즘을 이해해서 가르칠 일은 없을 테니까요. 게다가 저런 인공지능을 하나 제대로 개발하려면 어마어마한 돈이 들어갑니다. 그래서 이미 개발된 AI 도구를 원격으로 연결해서 활용하거나, 경량화된 결과물을 탑재해서 활용합니다. AI 교과서는 이렇게 개발된 도구인 셈입니다.

그러면 인공지능을 이렇게 활용하려는 이유는 무엇일까요? 바로 인공지능의 최신 기술 덕분에 인공지능이 정말 사람처럼 작동하기 때문입니다. 사람처럼 대화하고, 사람처럼 이해해서 제안하는 거죠. 덕분에 선생님의 업무가 많이 줄어듭니다. 저도 질문을 많이 받지만, 한정된 시간에 많은 학생으로부터 여러 종류의 질문을 받고 처리하는 게 거의 불가능하거든요. 그래서 간단하고 반복적인 질문은 AI가 답변하고, 선생님은 AI가 답변하기 어려운 답을 위해 고민하시면 됩니다. 또, 학생들 한 명 한 명을 모니터링하는 것도 AI가 가능해서, 학생들의 수준이 어떤지 평가도 가능해집니다. 아마 학교 현장은 배우기 좋은 곳이되, 학생 개개인의 특성을 최대한 활용하는 데 최적화된 공간으로 변할 것입니다. AI 덕분이죠.

AI의 특성을 이해하기

처음 챗GPT나 딥시크 같은 새로운 AI가 등장할 때, 세상은 엄청난 충격에 휩싸입니다. 이제 사람이 필요 없어질 것 같고, 세상이 획기적으로 변해서 더 살기 좋아지거나, 기계에 의해 인간이 지배받을 것처럼 호들갑을 떨죠. 그런데 막상 기업이나 조직에서 AI를 도입해서 갑작스러운 해고가 일어나는 경우는 흔치 않습니다. 그 이유는 생각보다 현장의 복잡성과 수준이 AI를 능가하기 때문입니다. 저도 챗GPT를 두어 달 쓰면서 꽤 많은 스트레스를 받긴 했습니다만, 결국 AI 없이 글을 쓰고, 원고를 작성하고, 강의를 합니다. AI는 그냥 거들 뿐, 제 업무를 거의 대체하지 못했습니다. 아마 대부분의 영역에서 그럴 겁니다. 학교 현장도 마찬가지가 아닐까요? AI가 대단해 보여도, 사실 써보면 바로 도입해서 뭔가 대신 맡기는 게 쉽지 않습니다. 가끔은 되레 일이 더 힘들어지기도 합니다. 모든 도구가 그렇듯이, '최적화'라는 과정에는 시간과 노력이 뒤따릅니다. 그런 점에서 선생님이 먼저 AI 도구를 접해 볼 필요가 있습니다. 챗GPT로 글을 써 보고, 문제도 만들어 보고, 채점도 해 보면서 AI 도구가 잘해내는 영역과 그렇지 않은 영역을 구분할 필요가 있습니다.

서울시교육청에서 웍스AI란 도구를 도입해 사용하고 있다는데요, 웬만한 기업보다 사용량이 많다고 합니다. 그만큼 선생님들의 열의가 높기에 가능한 결과겠지요. 비록 서울시에서 활동하는 선생님은 아닐지라도, 세상에는 이미 무료로 서비스하는 많은 AI 도구들이 존재합니다. 소소하게 만들어진 방법의 차이는 있지만, 사용법은 거의 차이가 없더군요. 그러니 먼저 접해 보시고, 좋은 점이 무엇인지를 찾아내 활용하시면 충분하실 거라 생각합니다.

어떻게 활용할 것인가

AI가 웬만한 분야에서 상위 석사 10% 수준이라고 해서, 글을 배울 필요도 없고, 수학을 공부할 필요도 없다고 말할 수는 없을 것입니다. 다만, 예전처럼 공식을 암기하고 영어 단어를 열심히 외우는 식의 공부로는 한계가 있는 것도 사실입니다. 그렇다면 어떤 방식이 필요할까요? 당장은 정해진 수업의 틀이 있어 변화가 힘들겠지만, 결국 어떤 과제를 해결해 내는 능력을 키우는 게 중요하리라 봅니다. 예를 들면, AI를 활용해서 어떤 주제를 예습하도록 과제를 내어 보면 어떨까요? 예전 같으면 학원이나 과외를 통해서만 공부했겠지만, 특정한 AI 도구를 활용해 예습을 하라고 권해 본다면, 학원을 상당 부분 대체할 수 있는 기회도 얻게 될 겁니다. AI가 쓴 글과 자신이 쓴 글을 비교해서 제출하되, 그 차이를 정리해 제출하게 하는 건 어떨까요? 이미 AI의 창작물(창작물이라고 불러야 할지 모르겠지만)인지의 여부를 사람이 판단할 수 없는 상황에 이르렀습니다. 그러니 예전처럼 '무언가를 써 오라'고 하기보다, AI와 자신의 글쓰기를 비교해 보도록 하는 게 더 효과적인 공부가 될 수 있습니다.

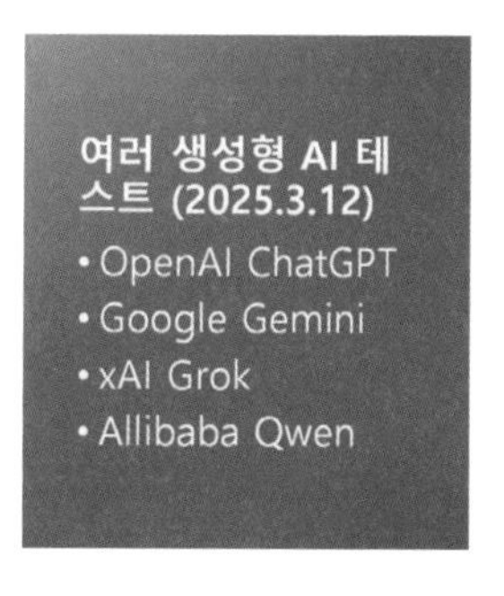

여러 생성형 AI 테스트 (2025.3.12)
• OpenAI ChatGPT
• Google Gemini
• xAI Grok
• Allibaba Qwen

여러 가지 생성형 AI를 자주 비교, 분석하여 공개합니다. 2025년 3월 12일 기준 4개 AI의 비교 후 정리한 글.

이제 선생님은 정해진 내용을 가르치기보다, 공부하는 방법을 제안하는 역할로 서서히 변해 갈 것입니다. 어쩌면, 예전보다 더 가르치기 힘든 시대가 될지도 모릅니다. 하지만 분명한 건 선생님의 역할이 사라지지 않는다는 점입니다. 무엇보다 학생들과 비교할 때, 경험으로나 지식으로나 선생님은 늘 우위를 점하고 있습니다. 이를 십분 활용하시되, 숙제를 내는 방식, 수업을 진행하는 방식을 바꿔 보신다면, 좋은 평가를 받으시리라 생각합니다.

한 권의 책을 깊이 읽기

인터넷이 등장하고 AI가 퍼져 나가면서 책은 더욱 팔리지 않게 되었습니다. 짧은 정보와 지식은 이제 책으로 공부하는 것이 비효율적이기도 합니다. 하지만 어떤 주제를 깊이, 많이, 일관적으로 다루는 데에는 여전히 책이 가장 효과적입니다. 학생들에게 꼭 읽어야 할 책 한 권을, 선생님이 먼저 읽고 고민해 추천해 보면 어떨까요? 아쉽게도 많은 수업의 내용이 온전한 책 한 권의 독서를 하지 않아도 이뤄지는 경우를 자주 확인하게 됩니다. 소설의 특정 부분만 고르고, 작품의 전체 줄거리만 읽은 후 '모든 걸 다 읽지 않아도 된다'고 믿는 시대에 접어든 것이지요. 안타깝지만, 이런 식으로 시간을 보내게 되면 세상의 거대하고 복잡한 지식 앞에 무력해질 수밖에 없습니다.

책을 읽지 않는 아이들의 부모님은 대체로 책을 읽는 모습을 잘 보여주지 않습니다. '책을 읽으라'고 말하는 어른들 중 지금, 현재 독서를 제대로 하지 않는 경우가 대부분입니다. 이 글을 읽고 계신 선생님은 다르시겠지만, 한 권을 더 읽는 것이 정말 필요하다는 말씀을 드리고 싶습니다. 솔직히 미래 교육의 기법이 무엇이라고 정의하기는 참 힘듭니다. 변화는 너무 빠르고, 현장은 너무 혼란스럽거든요. 그래서 요즘 세상을 '불확실한 세계'라고도 합니다. 정답을 찾기 힘들 땐, 작은 시도를 꾸준히 해 보는 것도 효과적일 거라 생각합니다. 함께 고민하고 나눌 동료 선생님을 찾아보시길 권합니다. 인터넷 커뮤니티도 좋습니다. 함께 머리를 맞대면, 조금은 더 효과적인 '가르치는 법'을 계속 배워 가실 수 있으리라 생각합니다.

[퓨처스쿨] 밴드 소개 : https://band.us/@futureschool - 미래학교, 미래 수업을 고민하는 밴드입니다.

인공지능을 가르치기 위해 교실에 갖추어야 할 건 뭔가요?

저의 직업은 강사입니다. 많은 사람을 만나고, 다양한 곳을 방문하죠. 가끔 중학교나 고등학교를 방문하면 갈 때마다 느끼는 게 있습니다. 개인적으로 학교에 대한 호기심도 많은 편이어서 이것저것 물어보는 것도 많지요. 그 경험에 비추어 써 봅니다.

코로나 시절 재택 수업이 가능했던 이유는?

아무도 준비하지 못했던 코로나 팬데믹 시절, 학교도 엄청난 변화를 겪어야만 했습니다. 일단 모여서는 안 되는 시절인데 수업은 해야 하고… 덕분에 줌(Zoom)이라는 작은 기업이 엄청나게 성장하는 계기가 되었고, 지금도 줌 수업은 교육 분야의 중요한 방식으로 남아 있습니다. 많은 학생이 집에서 수업을 들어야 했고, 그러다 보니 카메라가 없는 학생들, 마이크가 안 나오는 학생들, 아예 태블릿이나 노트북이 없는 학생들도 많았습니다. 그래도 시간이 지나면서 얼추 이런저런 장비들이 갖춰지고, 선생님들도 익숙해지면서 수업 자체는 어느 정도 진행되었습니다. (물론 수업의 결과가 좋진 못했습니다만…) 그런데, 만일 이런 가정을 해 보겠습니다. 학생들이 한곳에 어느 정도 모여 있고, 모든 학생이 태블릿이나 노트북을 사용해 줌 수업을 듣는 상황이라면, 과연 정상적으로 수업이 되었을까요? 아마 불가능했을 겁니다. 그 당시 학생들이 모두 집에서 수업을 들을 수 있었던 건, 각 가정마다 웬만해서는 초고속 인터넷망이 설치되어 있었기 때문입니다. 만일 그 많은 학생이 학교에서 접속했다면, 수업은커녕 웹 서핑도 쉽지 않았을 것입니다.

초고속 통신망의 필요성

어느새 AI는 흔해졌습니다. 누구나 접속 가능하고, 누구나 사용 가능하죠. 여기엔 전제가 있습니다. 바로 '인터넷'에 '접속'해야 한다는 점입니다. 사실 수많은 인공지능 서비스는 우리 손안에 있는 게 아닙니다. 스마트폰을 통해, 초고속 통신망을 통해, 미국의 어느 기업 서버에 접속해서 서비스를 받는 것이지요. 너무 빠르다 보니 마치 내 스마트폰이나 내 컴퓨터에 있는 것처럼 느껴지지만, 실은 인공지능에 '접속'하는 셈입니다. 우리나라는 초고속 통신망의 기반이 잘 되어 있어 상대적으로 인공지능에 대한 보급도 빨라졌습니다. 문제는 통신망에 문제가 생기면, 인공지능이 무용지물이 된다는 점입니다. 초고속 통신망 없이 인공지능 서비스를 구현하는 방법도 있긴 합니다만, 시간과 비용이 매우 많이 듭니다. 그런 점에서 초고속 통신망은 가장 저렴하고 가장 쉽게 인공지능을 접하는 방법입니다. 문제는 우리 '학교'에는 전교생이 편리하게 인터넷을 사용할 수 있는 준비가 되어 있지 않다는 것입니다. 학생들에게 태블릿이나 노트북을 나눠 주는 것보다 더 시급한 건, 통신망이 탄탄해야 한다는 점입니다. 학교가 인공지능 서비스를 원활하게 사용할 수 있는 환경이 아니라는 점은 무척 아쉽습니다.

전원 콘센트와 멀티탭의 필요성

요즘은 코딩 교육도 웹사이트에서 어느 정도 해결할 수 있습니다. 그래서 예전처럼 코딩용 프로그램을 설치하는 시간을 일부러 편성하는 일은 거의 없어졌습니다. 그런데 교육장에서 항상 고민이 되는 건, 바로 장시간 교육을 할 때 각 기기를 충전하거나 전원을 연결하는 일입니다. 그래도 요즘은 멀티탭도 많이 준비해 두는 곳이 늘었고, 벽에 콘센트를 많이 설치하기도 하는 편입니다만, 학교는 상대적으로 그렇지 않더군요. 수십 명의 학생이 충전을 해야 하는 상황을 한번 상상해 보죠. 서로 돌아가면서 충전하면 되지 않을까 싶지만, 초고속 충전이라 할지라도 동시에 학교에 도착해 동시에 기기를 사용한다고 치면, 배터리도 거의 동시에 떨어질 수밖에 없습니다. 아예 배터리가 없는 제품을 사용한다면 전원 케이블을 늘 연결해 두어야 하는데, 수십 대의 장비가 전원 케이블을 연결한 교실이라…. 상상만 해도 무언가 사고가 날 것 같지 않나요? 줄에 걸려 넘어지고, 넘어지면서 줄에 연결된 노트북이 떨어지고, 매일 사고가 발생하고, 그러다 보면 그냥 컴퓨터를 다 치워 버리지나 않을까 싶습니다. 전원 부분 역시 학교를 지을 때 고려해야 하는 사항입니다. 웬만하면 책상 하단에 전원 콘센트가 있는 게 좋고, 아예 각 학생의 책상에 콘센트가 있다면 더욱 좋겠지요. 최근 '스마트'한 교실을 구현하기 위해 많은 돈을 쓰고 있다고 하는데요, 그 교실에는 스마트한 전원 공급 환경이 갖추어져 있기를 기대합니다.

디지털 교과서의 필요성

꼭 인공지능이 아니어도 인터넷 환경은 많은 편의성을 가져다줍니다. 특히 동일한 웹페이지를 언제 어디서나 접속할 수 있죠. 그 웹

페이지가 교과서라면, 언제 어디서나 스마트폰이나 태블릿, 노트북으로 접속할 수 있으니, 언제나 공부하고 어디서나 교실이 되는 상황을 만들 수 있습니다. 대체로 디지털에 관한 한 대한민국은 세계 최고 수준을 지향하는 편입니다만, 이상하게도 디지털 교과서에 대해서는 아직 보편화되지 않았습니다. 학교 현장에서는 도입을 꺼리는 분위기도 많다고 하더군요. 물론 현재의 학교 환경이 디지털 교과서 도입에 적합하지 않다는 건 저 역시 동의합니다. 많은 변화가 필요하죠. 다만, 다 갖춘 다음에 도입하는 게 과연 적절한 '시기'인가라는 고민도 해야 합니다. 제가 학교 다닐 때 이런 이야기가 있었습니다. "70년대 교사가, 80년대 교실에서, 90년대 학생을 가르친다." 앞에 숫자만 바뀌었지, 큰 차이는 없는 것 같습니다.

디지털 교과서에 대해 저는 크게 세 가지를 중요하게 생각합니다. 첫째는 '디지털'이라는 점, 둘째는 '데이터' 측면, 셋째는 변화의 촉매라는 점입니다. 인공지능이 제대로 정착하려면 디지털 환경과 데이터가 필요합니다. 그래야 인공지능이 선생님에게 맞게, 학생 개개인에게 맞게 작동할 수 있습니다. 학생 수를 줄여야 한다고 하지만, 학생 수가 너무 줄면 그만큼 비용이 급증합니다. 어느 접점을 택할 수밖에 없는데요, 그 접점 안에서 더 나은 교육이 이루어지려면 '인공지능'은 필수적인 선택일 수밖에 없습니다. 그런데 아무

대한민국 디지털 교과서(https://www.keris.or.kr)

리 좋은 인공지능이 등장해도, 환경이 열악하고 학생 개개인의 데이터가 부족하다면 제대로 작동할 리 만무하지요. 그런 점에서 디지털 교과서는 출발인 셈입니다. 디지털 교과서의 채택을 통해 데이터가 드디어 쌓이기 시작할 테니까요. 지금도 데이터가 없진 않습니다만, 정말 빈약한 수준입니다. 몇 줄의 평가로 학생에 대한 '모든 것'을 판단해야 하는 수준입니다. 오류가 많을 수밖에 없고, 그래서 그 한두 줄의 문장에 많은 학생과 부모님들이 긴장할 수밖에 없게 되죠. 디지털 기반의 데이터가 제대로 쌓이면 많은 것을 엿볼 수 있게 됩니다. 그런 점에서 디지털 교과서의 도입은 빠르면 빠를수록 좋다고 생각합니다. 다시 말씀드리지만, 디지털 교과서가 완벽해서가 아니라, 디지털 교과서를 통해 학생과 수업의 데이터가 쌓일 수 있기 때문입니다.

주기적으로 좋은 컴퓨터를 비치하기

지금까지 글을 읽으며, '왜 컴퓨터 대수 이야기는 안 하지?'라고 생각하셨다면, 여러분은 꽤 감각이 있으신 겁니다. 이 중요한 '컴퓨터', '장비' 이야기를 왜 마지막에 꺼내는지, 이제 그 이유를 말씀드리겠습니다. 학생들에게 좋은 장비를 주는 건 물론 좋습니다. "값싼 장비라도 대규모로 보급하자"는 접근도 의미가 있지요. 하지만 자주 바꿔 줄 수 없다면, 애초에 좋은 장비를 제대로 갖추게 하는 게 더 나은 방법입니다. 그런데 이건, 비용이 정말 많이 듭니다. 그리고 학생들의 장비 관리를 신뢰하기도 어려운 게 사실입니다. 그런 점에서, 장비나 도구는 학생들이 '집에서 쓰던 것'을 그대로 가져오는 방식이 오히려 낫지 않을까, 생각합니다. 없는 학생들에게는 개별적으로 '렌탈'해 주는 것도 하나의 방법이겠지요. 대신 학교에는, '집에서는 구하기 어려운' 좋은 장비들을 주기적으로 교체해 주면 좋겠습니다. 사실, 현재의 학교 환경에서 모든 학생에게 개별 장비를 지급하고, 완벽한 인터넷과 전원 환경까지 갖추려면 엄청난 비용이 듭니다. 거의 학교를 '다 새로 지어야' 할 수준이 될 겁니다. 그보다는, 기존의 '컴퓨터실' 하나를 제대로 관리해서 조금 더 빠르게, 조금 더 많이 무언가를 해볼 수 있는 학습 환경을 갖추는 것이 현실적인 대안일 수 있습니다.

MS Designer가 그려준 오래된 컴퓨터 교실.

한 번은 둘째 아이가 저에게 이런 질문을 하더군요.

"아빠, 왜 아빠 컴퓨터는 학교 컴퓨터랑 너무 달라요?"

가만히 들어 보니, 학교 장비가 너무 오래된 거였습니다. 아들에게 준 장비는 사실 저에겐 '구형'이었는데, 그마저도 학교 장비와 비교하면 훨씬 뛰어난(?) 장비였던 겁니다. 많이 아쉬웠습니다. 학교에서만이라도 더 큰 모니터, 더 빠른 컴퓨터, 더 용량 큰 저장장치로 인공지능을 실습할 수 있다면 얼마나 좋을까요? 그런 점에서, 모든 학생에게 컴퓨터를 사주는 것보다는 가능하면 '개인 장비를 활용'하게 하고, 그 대신 학교의 '컴퓨터실 하나'만큼은 최고 수준으로 잘 관리해 주는 것이 더 현실적인 인공지능 학습 환경 아닐까, 생각했습니다. 그래서, 이 이야기를 가장 마지막에 적었습니다. 이외에도 더 많은 요소들이 필요할 겁니다. 다만, 교실과 환경에 대한 이야기가 아닌 것들은 여기서 뺐습니다.

학생들도 바뀌어야 하고, 부모님들의 인식도 바뀌어야 하고, 선생님들도 변화의 과정을 경험해야 이런 환경이 비로소 의미를 갖게 되겠지요. 그렇지만 대체로 '환경의 변화'가 '사람의 변화'를 더 빨리 이끌어낸다는 점에서, 학교와 교실이 하루빨리 인공지능에 친화적인 환경으로 바뀌면 좋겠습니다.

토론 거리

학교 컴퓨터실을 살펴보고, 컴퓨터 사양과 인터넷 환경 등을 점검합니다. 가장 간단한 인공지능 서비스를 활용하는 데 문제가 없는지, 혹 어렵다면 가장 손쉽게 변화를 줄 수 있는 부분은 무엇인지 토론해 봅시다.

AI 교사가 등장한다면?

선생님들보다는 제가 더 긴장하면서 다뤄야 하는 주제가 나왔네요. 프리랜서 강사의 숙명이랄까요? 그래도 그동안은 강사라는 직업을 가진 사람들과 경쟁을 했는데, 챗GPT를 만나는 순간, 그 충격이었죠. 정말 강사란 직업이 사라질 수도 있겠구나 싶더라고요. AI의 등장은 많은 직업들을 사라지게 하고 있는 게 현실입니다. 그 속에 '강사'나 '교사' 같은 직업도 사라지게 되지 않을까요?

정보를 전달하기만 한다면

무엇을 '가르친다'는 의미 속에는 상대방은 모르고 나만 아는 정보를 '전달하는' 역할도 포함되어 있습니다. 이 정보 전달은 가르치는 역할의 가장 기본적인 요소입니다. 그런데, IT 기술이 등장하면서 이 부분이 조금씩 현장의 선생님으로부터 사라지기 시작했습니다. 급기야 웬만한 내용을 인터넷 강의로 듣고, 학교에 와서 쉰다는 학생까지 생겼다는데… 요즘 인공지능 기술이 만들어내는 영상이나 가상 인간의 수준은 실제 사람과 구분하기 힘들 정도입니다. 저도 많은 인터넷 강좌를 제작하는 편인데 제작해 주시는 업체에서도 인공지능 기술을 적극적으로 활용하고 있습니다. 특히 내용의 변화가 없고, 정해진 시간에 정해진 내용만 전달해야 하는 교육에서는 상당 부분 인공지능 기술이 접목되어 있습니다. 이미 유튜브 영상의 상당수는 인공지능 목소리, 인공지능 영상으로 만들어지고 있지요. 다만, 유튜브 자체를 교육의 채널로 보지 않는 입장이라 굳이 교사나 강사의 대체 사례로 말씀드리지 않았을 뿐입니다. 그런 점에서, 특정한 정보를 전달하는 게 전부라면 교사, 강사, 교수 같은 직업은 전부 인공지능으로 대체가 가능합니다!

정보를 '잘' 전달한다는 것은?

그럼에도 불구하고 왜 중요한 수업, 인기 많은 수업은 사람이 가르쳐야 할까요? 그건 정보를 전달하기만 하는 게 교육이라고 볼 수 없기 때문입니다. 그냥 전달하는 거라면, 책을 읽으라고 하거나, 웹

사이트 몇 개 알려주는 게 더 나을 수도 있습니다. 문제는 '잘' 전달하는 게 중요해지면, 인공지능은 굉장히 힘들어합니다. 특히, 한 명 한 명에게 맞춤형으로 전달하는 건 현재의 인공지능으로서는 도저히 구현할 수 없는 영역이 됩니다. 교실에서 선생님과 수십 명의 학생들은 일정한 시간을 함께 지내며 서로를 이해하고, 어느 정도 서로에게 맞춰갑니다. 그런데 불특정 다수를 상대로 맞춰진 인공지능은 어느 정도 범용화된 모델로 만들어집니다. 불특정한 많은 사람들에게는 어느 정도 괜찮지만, 이미 서로 맞춰진 사람들에게는 꽤 불편한 존재가 되죠. 그러다 보니 정보를 개개인에 맞게 전달하는 데에는 한계가 있을 수밖에 없습니다. 물론, 학생들의 데이터가 축적이 되고, 인공지능이 이 데이터를 더 효과적으로 다루는 어느 순간이 오면, 선생님들의 맞춤형 교육도 대체될 가능성이 생길 수 있겠지만, 지금으로선 그 시기가 언제가 될지 요원한 게 현실입니다. 따라서, 선생님의 역할을 현재의 인공지능, 아니 근래의 인공지능도 대체하는 건 어려운 일입니다.

선생님의 어떤 역할을 대체한다면?

생각보다 한 사람의 역할은 꽤 다양합니다. 아무리 인공지능이 발전하고, 로봇 기술이 발전해도 사람 자체를 대체하는 건 불가능할

저마다의 AI 보조 선생님의 도움을 받는 학생들과 교실. 신기한 건, 모든 AI가 그리는 교실의 모습은 크게 다르지 않아요. 아마도, 교실에 대한 기존의 이미지 데이터 때문이겠지요? [챗GPT 이미지]

거라고 봅니다. 우리가 알아야 할 건, 첨단 기술의 발달 덕분에 어떤 사람의 어떤 역할이나 능력을 대체하는 거지, 그 사람 자체를 대체하는 게 아니라는 거죠. 조금 더 설명을 붙이자면, 선생님이 해야 하는 많은 역할들 중에 일부는 분명 대체될 수 있지만, 모든 역할을 대체할 수는 없다는 것입니다. 그런 점에서, 기술을 바라보는 우리의 자세가 무척 중요합니다. 수십 명의 학생들에게 기본적인 설명을 선생님이 다 해야 하는 시대는, 인공지능 시대에서 바람직한 모습이 아닐 것입니다. 인공지능 기술이 좀 더 발전하고, 인공지능 기반의 교과서나 학습 도구가 좀 더 발달한다면, 기본적인 수업은 인공지능이 대체하리라 봅니다. 그게 더 효과적이니까요. 하지만 학생들마다 맞춤형 수업을 해내는 건, 인공지능이 하는 건 꽤 어려운 일입니다. 학습할 데이터가 생각보다 부족하기 때문입니다. 상대적으로 사람은 인공지능보다 훨씬 적은 경험으로도 맞춤형 수업이 가능합니다. 따라서 우리가 알고 있는 수업이 좀 더 세분화되어서, 선생님들이 맡아야 할 영역과 인공지능이 맡아서 하는 영역이 분리될 거라고 봅니다.

지금 이 순간, 제가 글을 쓰는 것도 제가 쓴다고 하지만, 키보드가 있고, 컴퓨터가 있고, 소프트웨어가 있어서 가능합니다. 제가 교정을 보지 않아도 어느 정도 자동 교정이 가능한 기능이 있다 보니, 훨씬 오타를 적게 내면서 글을 쓸 수가 있습니다. 인공지능은 자동 교정 기능을 갖고 있는 컴퓨터이자 소프트웨어입니다. 학교 현장에 인공지능의 도입은 이제 기정사실로 받아들여져야 합니다. 무엇보다도 학생들을 더욱 잘 가르치기 위해 해야 할 일들은 자꾸 늘어나지만, 그렇다고 선생님을, 학교 현장을 마냥 투자할 수는 없기 때문입니다.

중요한 것은, 인공지능이 어떤 역할을 대체하는 게 가장 바람직한가를 '누가' 결정하느냐일 것입니다. 선생님끼리 혹은 개발자들끼리 이걸 결정하면, 현장에서는 분명 비효율적인 인공지능 도구로 인해 불편함을 겪을 것입니다. 품질도 잘 안 나올 테고요. 아무리 인공지능이 영상을 만들어내고, 음악을 작곡할 수 있어도, 아무나 사용하면 누구나 즐길 만한 음악이 탄생하지 않습니다. 그런 점에서 인공지능을 학교 현장에 도입할 때, 선생님들의 목소리가 좀 더 담기면 어떨까, 개발자들이 개발할 때 선생님들의 이야기를 좀 더 들으면 어떨까 생각해 봅니다. 그래서 AI 교사와 인간 선생님이 함께 일하는 학교가 만들어지는 게 바람직한 미래 학교가 되지 않을까, 생각해 봅니다.

토론 거리

인공지능 기술을 기반으로 수업과 공부의 여러 요소들 중에서 대체 가능한 것들을 찾아보고, 어떤 방식으로 대체할 수 있는지 토론합니다. 이때, 현재 수준보다 더 나은 수준을 전제로 토론해 봅시다.

AI 시대,
선생님의 역할은?

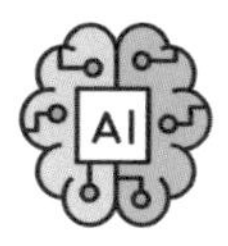

학교 현장의 여러 조건을 고려할 때, 제가 생각하는 것들이 애당초 적합하지 않을 수도 있습니다만, 가장 현실적이면서도 구현 가능한 학교와 선생님의 역할, 수업에 대한 생각들을 말씀드립니다.

코치로서의 역할

미래 학교에서 기존 선생님들의 가장 중요한 역할은 바로 '코치'라고 생각합니다. 야구에서 타격 코치가 있다고 가정해 보죠. 타격 코치는 선수들을 일일이 다 지도하지 않습니다. 기본적인 타격은 어느 정도 알고 있는 선수들이기 때문에, 선수들의 장점과 약점을 파악하고, 약점을 어떻게 보완할지, 장점을 어떻게 잘 활용할지에 초점을 맞춥니다. 프로 선수가 되고 점점 유명한 타자가 되어가면 코치의 역할이 줄어들긴 하겠지만, 사라지진 않습니다. 그래서 세계적인 선수들도 코치의 조언을 여전히 들으려 하고, 코치의 조언을 받아들여 자신의 타격 폼을 수정하기도 하며, 좋은 성적을 내기 위해 여러 가지 고민을 해 나갑니다.

인공지능 기반의 플랫폼 위에서 학생들은 대부분의 기본 수업을 AI 교사를 통해 받게 될 것입니다. 학생마다 수업 진도도 달라질 테고, 수업의 순서도 바뀔 수 있죠. 현재의 선생님들로서는 이렇게 해 나가기가 어렵습니다. 하지만 그 수업의 결과를 모니터링하고, 학생의 상태를 관찰하며, 학생이 배우는 과정에서 무엇을 잘하고 무엇이 부족한지를 체크해 조언하는 일은 여전히 AI 교사보다 현장의 선생님들이 더 뛰어날 수밖에 없습니다. 게다가 학생들도 AI 코치보다는 실제 사람의 코치를 훨씬 선호합니다. 그런 점에서 수많은 변수를 다루고, 학생의 입장에서 코칭할 수 있는 역할로 선생님들은 변신하게 되지 않을까 예상합니다.

학습 도구를 잘 다루는 선생님

현재의 학습 환경에서는 선생님보다 컴퓨터를 더 잘 다루는 학생

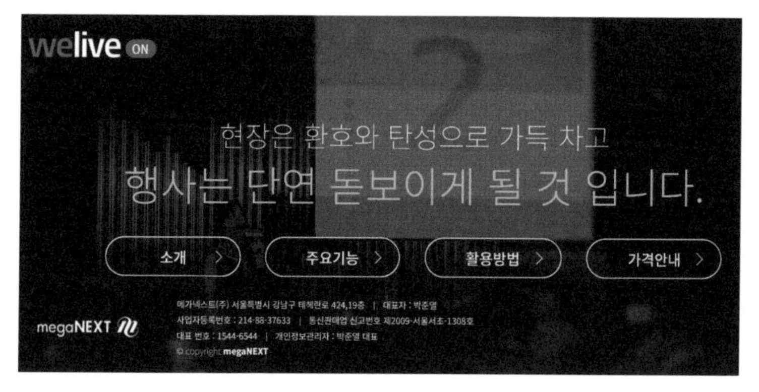

오프라인 세미나장에서 온라인 도구를 활용해 교육의 효과를 높이는 도구 중 하나인 '위라이브온'. 여러 강사님들과 에듀테크 서비스 중 하나로 다루기도 했었습니다. [출처: https://weliveon.net]

들이 있는 것이 이상하지 않습니다. 학교 환경에 디지털 요소가 적기 때문입니다. 하지만 미래 교실에서 AI 교사를 도입하려면, 첨단 디지털 환경이 갖춰지지 않고서는 불가능할 것입니다. 그런 교실이 만들어진다면, 선생님은 당연히 학교의 학습 도구를 가장 잘 이해하고 있어야 합니다. 도구란 게 늘 완벽하게 작동하는 것은 아니기 때문에, 오류가 발생할 때마다 외부 전문가를 불러야 한다면 적절한 수업이 진행될 리 없습니다. 분필을 어떻게 다룰지, 칠판에 잉크펜으로 어떻게 쓰는 게 최선인지 선생님이 잘 알고 있듯이, 미래 학교의 첨단 교실에서도 도구를 가장 잘 활용하는 사람은 선생님이어야 할 것입니다. 그러다 보면 각 도구가 가진 '더 나은' 활용법에 대해 선생님들이 서로 논의할 수 있고, 수업 기법 같은 것도 훨씬 더 세밀하게 조율하고 제안할 수 있지 않을까요?

챗GPT가 좋은 도구이긴 하지만, 모든 면에서 가장 뛰어난 도구는 아닙니다. 정보를 정리하는 데에는 뛰어나지만, 폭넓은 검색을 기반으로 정보를 제공하는 데는 구글 제미나이가 훨씬 뛰어날 때가 많습니다. 제가 다루는 AI 도구만 해도 대여섯 가지가 넘습니다. 새로운 분야에 대해 정보를 찾고 정리하는 작업을 할 때 어떤 도구가 적합할지 미리 알지 못하면, 테스트하느라 효율성이 떨어질 수밖에 없습니다. 당연히, 저의 이런 경험은 저 같은 직업을 가진 분들에겐 중요한 노하우가 될 수 있습니다. 아마 미래 교실에서는, 적어도 디지털/IT에 관한 한, 선생님들이 학생들보다 우위에 설 수 있으리라는 것은 자신 있게 말할 수 있습니다.

유연한 생각을 가진 선생님

미래의 직업은 지금과 많이 다를 것입니다. 직업의 수명도 짧아져서 새로운 직업이 계속 등장하고, 기존의 직업은 빠르게 소멸할 것입니다. 그러니 선생님의 입장에서 '좋은 직업'이 앞으로도 계속 좋으리라는 보장은 할 수 없습니다. 심지어 같은 이름의 직업이라고 해도, 실제로 하는 일이나 요구되는 기능이 완전히 달라질 수도 있을 것입니다. 그래서, 내가 가진 정보와 지식이 전부이며 가장 완벽하다고 믿는 선생님들은 미래의 학교 현장에서는 어려움을 겪을 것이라 생각합니다. 아마 미래의 학교에는 변화와 다양성에 훨씬 더 유연하게 대응할 수 있는 선생님들이 가득하지 않을까요? 아이가 무엇을 배울 때 그것이 미래에 도움이 될지, 지금의 시점에서 선생님이 다 예측할 수는 없을 테니까요.

'페이커'라 불리는 프로 게이머를 저도 멋지다고 생각합니다만, 그 직업을 아이가 갖겠다고 말한다면 저 역시 망설일 것 같습니다. 그래서 저도 미래의 학교에 적합한 선생님이 되긴 어려울 수도 있겠다는 생각이 듭니다. 하물며 지금은 존재하지도 않는 직업에 대해 아이들이 도전하도록 돕기 위해서는, 유연함에 대한 감각만큼은 누구보다 뛰어난 분들이 선생님이 되어야 하지 않을까요?

기본기를 중요시하는 선생님

그럼에도 불구하고 우리는 여전히 아이들을 학교에 보내려 할 것입니다. 학교를 통해 배울 수 있는 것이 많기 때문입니다. 그런데 그 '많은 것'이 지식만은 아닐 것입니다. AI 교사는 집에서도 활용할 수 있으니까요. 대신, 학교를 통해 다양한 사람들과 어울리고, 함께 살아가는 법을 배우게 되리라 확신합니다. 실제로 코로나 팬데믹으로 인해 학교생활을 제대로 하지 못한 학생들이 사회생활에 어려움을 겪는다는 이야기도 들은 적이 있습니다. 너무나 당연한 이야기라고 생각합니다. 여러 사람이 함께 어울리며 살아가기 위해서는 지켜야 할 것은 지켜야 합니다. 아쉽게도, 핵가족화된 현재의 가정에서는 부모님이 이런 부분을 모두 알려줄 수 없습니다. 아이가 하나 혹은 둘뿐이기 때문입니다. 결국 수십 명의 친구들, 수백 명의 선후배들과 어울리며 살아가려면 학교에 다니는 것이 필수라고 생각합니다.

학교라는 세계 안에서, 선생님들은 함께 살아가는 데 필요한 기본기를 더욱 중시하게 될 것입니다. 수업 준비는 AI 교사 시스템 덕분에 어느 정도 덜어낼 수 있겠지만, 학생들 사이의 관계에 대해 더 많이 고민하고 조언하는 선생님들이 늘어날 것이라 생각합니다. 살아가는 법을 가르치는 곳, 그곳이 바로 미래의 학교가 될 것입니다. 비록 청소년은 아니지만, 대학생이나 청년, 성인을 대상으로 가르치는 저 역시 이런 변화들을 점차 체감하고 있습니다. AI 도구 덕분에 작업 시간이 대폭 줄어든 일도 있고, 반대로 AI 도구의 등장으로 더 많은 고민이 필요한 분야도 생겼습니다. 그러나 그 모든 변화는 결국 '잘 가르치기'라는 변하지 않는 목적을 이루기 위한 과정입니다. 그래서 저 역시 변화에 주의를 기울이며 제 자신을 변화시켜 가고자 합니다. 미래의 학교는 생각보다 멀리 있지 않은 것 같습니다. 선생님들의 변화에 대한 능동적인 자세도 그 어느 때보다 중요한 시기가 아닐까요?

토론 거리

기업에서 바라는 '인재상'이 어떻게 바뀌고 있는지 알아보고, 그런 인재상을 가진 사람이 되려면, 청소년기에 무엇을 어떻게 배워야 하는지 고민해보고, 그걸 어떻게 가르치면 좋을지 토론해 봅시다.

바뀌어 갈 학교의 모습은, 학생들보다는 선생님들에게 더 큰 혼란을 가져다줄 가능성이 높습니다. 변화의 초기 혼란을 가장 먼저 마주해야 하는 사람도 선생님이고, 그 변화 속에서 학생들이 겪을 어려움을 누구보다 먼저 이해하고 대비해야 하는 사람도 선생님이기 때문입니다. 물론, 전담 교사를 두어 초기의 혼란을 관리하는 것도 하나의 대안이 될 수 있습니다. 하지만 학교가 바뀐다면, 결국 학교 내 모든 구성원이 새롭게 조성된 환경에 맞춰 생활해야만 합니다. 그런 점에서 선생님들의 준비가 그 무엇보다도 중요하지 않을까 생각해 봅니다.

그런 의미에서, 다음 장은 선생님들이 먼저 읽고 깊이 고민해 주셨으면 좋겠습니다. 인공지능의 시대는 이미 도래했고, 빠른 속도로 우리의 일상 속에 깊숙이 스며들고 있습니다. 이대로라면, 자칫 수십 년 뒤처진 학생들이 졸업장을 받게 되는 상황도 우려됩니다. 그렇기에, 누구보다 인공지능 시대를 주도할 '안목'을 지닌 선생님들의 등장을, 저 역시 누구보다 간절히 기대하고 있습니다.

4장

[심화]
인공지능 시대를 주도하는 안목 가져 보기

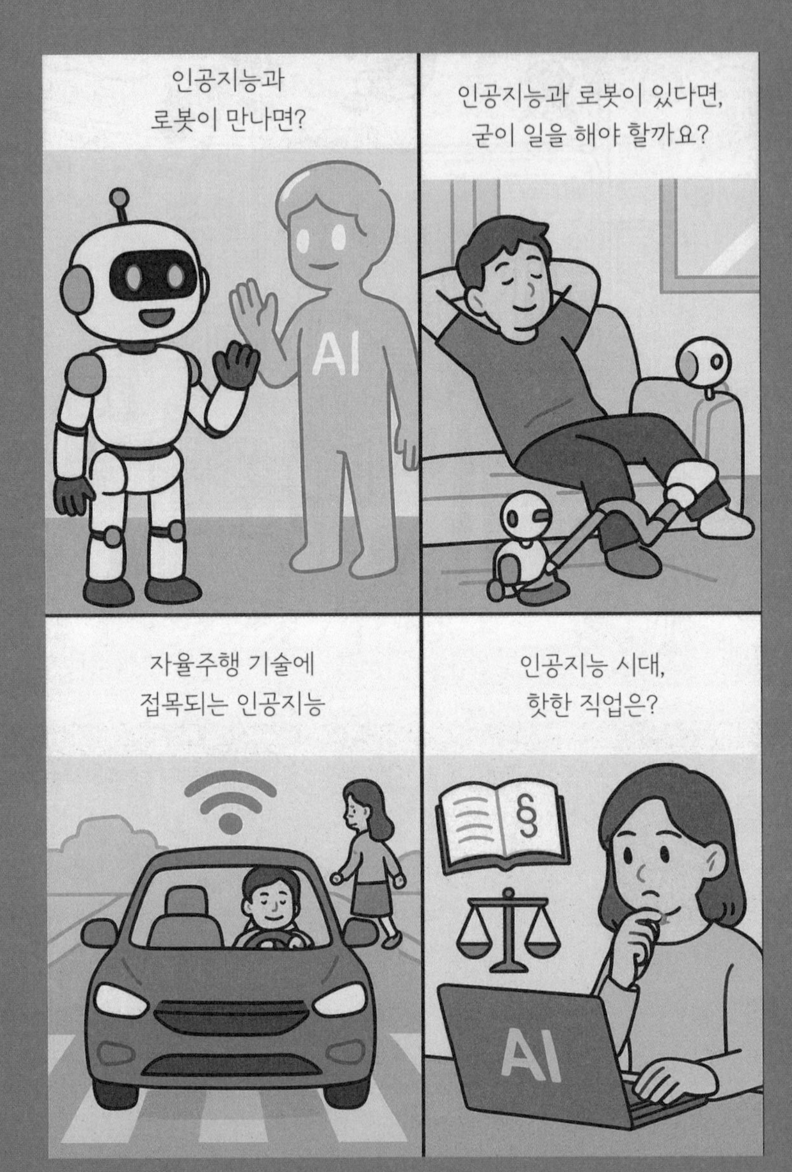

AI와 함께, AI를 주도하며 살아가는 사람들의 모습을 담은 웹툰 [챗GPT]

인공지능과
로봇이 만나면?

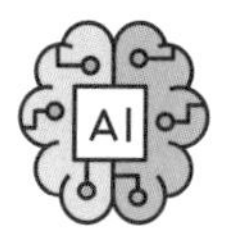

인공지능이라는 개념이 처음 등장했을 당시에는, 인공지능이 무엇인지 아는 사람도 드물었고, 실제로 도움을 받을 수 있는 분야도 거의 없었습니다. 하지만 소설가나 영화인들은 달랐습니다. 인공지능이 등장하자마자 이를 바탕으로 다양한 소설과 영화를 만들어 냈고, 대체로 디스토피아(현재보다 암울한 미래)를 그리는 경우가 많았습니다. 이로 인해 인공지능에 대해 부정적인 인식을 갖게 된 사람들이 많아졌습니다. 그런데, 그런 소설과 영화에서 공통적으로 등장하는 요소가 있습니다. 바로 '로봇'입니다. 즉, 인공지능과 로봇이 결합하면서 그 영향력이 커진 상황을 주로 다룬 것이죠. 이제부터는 인공지능 세계에서 로봇이 왜 중요한지 살펴보겠습니다.

인공지능보다 나이가 더 많은 '로봇'

인공지능의 정의에 따라 시기는 다를 수 있지만, 일반적으로 '인공지능(AI)'이라는 용어는 1950년대 전후에 등장한 것으로 봅니다. 반면, '로봇'이라는 단어는 그보다 훨씬 이른 1920년대 연극 대본에서 처음 등장했습니다. 체코의 작가 카렐 차페크가 쓴 희곡 《R.U.R(Rossum's Universal Robots)》에서 '로봇'이란 말이 처음 사용되었지요. 아마 기술·공학 분야에서 이름이 자주 언급되는 작가로는 아이작 아시모프만큼이나 중요한 인물이라 할 수 있습니다.

로봇은 사람의 형태를 띠거나 사람처럼 작동하는 기계 정도로 정의할 수 있습니다. 인공지능이 아무리 뛰어나다 해도, 사람과 소통하지 못하거나 실질적으로 도움이 되지 못한다면 그 가치는 제한적일 수밖에 없습니다. 예를 들어, 이 글을 인공지능이 쓴다고 해도 종이에 인쇄되어 유통되고, 서점에서 팔려야 독자에게 전달될 수 있듯이, 현실 세계와 연결되는 접점으로서 로봇이 맡는 역할은 결코 작지 않습니다. 또한, 인공지능 때문에 사람들이 일자리를 잃는다는 우려도 사실은 인공지능과 로봇의 결합에서 비롯되는 경우가 많습니다. 사람이 하던 일들을 기계가 대체할 수 있게 되는 것이지요. 그러니 사람을 닮은 로봇, 사람의 역할을 대신하는 로봇이 인공지능과 결합하게 되면, 그 영향력은 몇 배, 몇십 배로 증폭될 수밖에 없습니다.

놀랍게도, 우리나라는 '로봇 강국'입니다. 정확히 말하면, 제조업 분야에서 사용되는 로봇의 수가 세계 어느 나라보다도 많습니다. 2위와도 두 배 이상 차이가 난다고 하지요. 제 기억이 맞다면, 이미 근로자 1만 명당 로봇 보유 대수가 700대를 넘어선 나라입니다. 그런 점에서 볼 때, 인공지능과 로봇이 결합했을 때 전 세계에서 가장 큰 영향을 받을 수 있는 나라가 바로 대한민국일지도 모릅니다.

로봇일 수밖에 없는 이유

조만간 학교 현장에도 로봇이 등장할 가능성이 큽니다. 예를 들어, 급식을 각 교실로 배달해야 할 때, 이를 학생들이 하기는 쉽지 않겠지요. 선생님들이 하기도 어려운 일입니다. 이런 상황에서 급식 배송 로봇이 등장할 것이라는 건 어렵지 않게 예상할 수 있습니다. 일반적으로 로봇은 사람이 하기 힘든 일이거나, 할 수는 있어도 장시간 반복하기 어려운 영역에 주로 투입됩니다. 지금까지의 로봇은 정해진 일만 할 수밖에 없었다는 점이 한계였습니다. 예를 들어, 급식 배송 로봇은 급식만 배송할 수 있도록 설계되어 있기 때문에, 다

전국 최초로 급식 로봇이 시범 운영중인 숭곡중학교. 조리 로봇. [출처: 숭곡중학교 홈페이지]

른 물품을 배송하려면 별도의 설정과 코딩이 필요했습니다. 다양한 작업을 시키기 위해서는, 각 작업에 맞는 코드를 미리 전부 입력해야 했던 것이죠.

하지만 요즘의 인공지능은 코드를 스스로 만들어내는 능력까지 갖추고 있습니다. 즉, 현장의 필요에 따라 적절한 코드를 생성해 로봇에 적용하거나, 아예 로봇에 AI를 탑재하여 상황에 맞게 작동하게 할 수도 있는 시대가 된 것입니다. 예를 들어, 학교가 증축되어 교실이 늘어났다고 해도, 예전처럼 새로 설계도를 입력하거나 교실 번호를 일일이 설정하지 않아도, 로봇이 스스로 구조를 학습하고 동선을 파악하며 교실을 인식할 수 있게 되는 것이죠.

이런 기능은 이미 일부 로봇청소기에서 경험한 바 있습니다. 요즘 나오는 로봇청소기는 집안 구조를 스스로 파악하고, 정해진 시간에 알아서 청소를 시작합니다. 모두 인공지능 덕분입니다.

이런 발전을 보면, 컴퓨터 화면 속 AI 선생님뿐 아니라 움직이는 AI 선생님 로봇도 등장할 날이 머지않았다고 생각됩니다. 예를 들어, 아픈 학생이 직접 양호실까지 가는 것이 아니라, 양호 선생님 로봇이 교실로 와서 학생을 태우거나 눕혀 이동시켜주는 모습도 상상해볼 수 있겠지요.

로봇과 인공지능의 결합이 가져올 딜레마

저는 인공지능과 로봇이 결합할 때, 진짜로 큰 변화가 일어나리라 생각합니다. 그래서 인공지능 기술뿐 아니라 로봇 기술에도 꾸준히 관심을 갖고 지켜보려는 이유이기도 합니다. 사실, 우리가 "AI 때문에 일자리가 줄어들 것"이라고 말할 때, 그 핵심은 AI와 로봇의 결합에 있습니다. 다만 다행인 점은, 인공지능 기술에 비해 로봇 기술의 발전 속도는 조금 느리다는 것입니다. 인공지능은 성능을 높이는 방법이 비교적 분명합니다. 더 많은 데이터를 학습시키고, 더 강력한 모델과 더 빠른 컴퓨터를 사용하면 성능이 향상됩니다. 반면, 로봇은 그렇지 않습니다. 로봇이 너무 빠르면 사람을 다치게 할 수 있고, 너무 강하면 공장의 기계를 파손시킬 수도 있습니다. 따라서 로봇은 적절한 속도와 힘을 유지하며 만들어야 하고, 이는 기술적으로 꽤 까다로운 일입니다.

한 번은 제가 "자율주행 자동차보다, 차라리 운전 로봇을 만들면

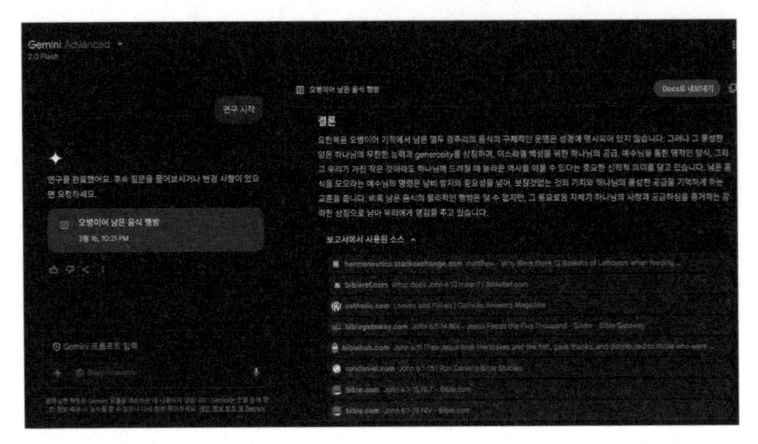

구글 제미나이(Google Gemini) 의 '딥서치(Deep Search)' 기능을 적용하여 자동화된 연구조사를 수행한 결과물.

되지 않을까?" 하는 생각을 했습니다. 그런데 한 로봇 연구자가 이런 이야기를 해주더군요.

"운전하는 것 자체는 어렵지 않은데, 문제는 그 로봇을 차에 태우는 과정이 더 어렵습니다."

그 말을 듣고 나서야, 우리가 승용차에 탈 때 얼마나 복잡한 동작을 하는지를 새삼 깨달았습니다. (기회가 된다면 한번 직접 관찰해보시는 것도 좋습니다!) 그래서 현재의 자율주행 기술은 대부분 차량 내부에 인공지능 시스템을 탑재하는 방식으로 구현되고 있습니다. 하지만 저는 조금 더 기다렸다가 직접 차량에 탈 수 있는 운전 로봇을 사볼까 생각 중입니다. 왠지 운전 외에도 많은 걸 해낼 수 있을 것 같아서요. 예를 들면, 짐도 들어주고, 피곤할 땐 의자 역할도 해 줄 수 있지 않을까? 하는 상상도 해보게 됩니다.

아울러, 요즘은 '로봇'이라는 개념이 소프트웨어에도 적용됩니다. 컴퓨터 작업에서 반복되는 업무를 자동화하는 것 역시 로봇 개념의 확장이라 할 수 있지요. 그래서 최근 인공지능 기술의 흐름이 'AI 에이전트'라는 방향으로 가고 있다는 말이 나오는 것도 이상한 일이 아닙니다. 이처럼, 로봇 기술에 조금 더 깊은 관심을 가진다면, 우리가 맞이할 미래 사회의 모습이 좀 더 선명하게 보이지 않을까 확신합니다.

토론 거리

현대자동차는 몇해 전 보스턴 다이나믹스라는 로봇 회사를 인수했습니다. 어떤 로봇인지, 그 로봇으로 무엇을 할 수 있는지 찾아보고, 앞으로 어떤 분야에서 인공지능이 탑재된 로봇이 쓰여질지 토론해 봅시다.

인공지능과 로봇이 있다면, 굳이 일을 해야 할까요?

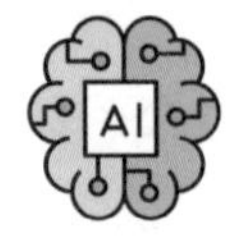

애니메이션 영화 〈월-E〉에서는 먼 미래, 인류는 완벽하게 자동화된 시스템 덕분에 걷는 일조차 필요 없는 삶을 우주에서 살아갑니다. 황폐해진 지구에는 오직 쓰레기를 처리하는 로봇 한 대만이 남아 있고요. 영화 자체도 매우 아름답지만, 무엇보다 인류의 미래에 대한 상상이 꽤 충격적으로 다가옵니다. 인공지능과 로봇으로 모든 것이 가능해진 시대에, 우리는 정말 아무 일도 하지 않은 채, 걷지도 않고, 살이 불어나기만 한 몸으로 살아가게 될까요?

일하지 않기 위한 조건

일을 한다는 것은 경제적인 가치를 창출하는 것입니다. 다시 말해,

먹고살 수 있는 돈을 벌어들이는 활동이죠. 또한 대부분의 사람들은 자신의 일을 통해 세상이 필요로 하는 무언가를 만들어내거나, 유지하거나, 더 나은 방향으로 바꾸어갑니다. 일을 통해 삶의 의미를 느끼는 사람들도 많고, 일 자체에서 즐거움이나 성취감, 희망을 얻기도 합니다. 그리고 일은 단순히 경제적인 활동을 넘어, 건강을 유지하거나 체력을 키우는 수단이 되기도 하고, 다른 사람들과의 소통이나 사회적 관계를 형성하는 계기가 되기도 하죠.

쉬고 있는 사람을 대신해 일하는 로봇. [그록 이미지]

이처럼 '일'이라는 것은 단순한 노동 그 이상의 의미를 지닙니다. 게다가 사람마다 좋아하는 일, 잘하는 일이 다르고, 일을 대하는 자세나 수준도 다 다릅니다. 이런 점들을 종합해 볼 때, 적어도 수십 년 안에는 〈월-E〉 속 인류처럼 아무것도 하지 않고 살아가는 모습은 현실화되기 어렵다고 생각합니다. 아니, 어쩌면 인간은 스스로 인공지능과 로봇에게 모든 일을 맡기고 '일하지 않는 삶'을 선택하지 않을지도 모릅니다. 그 이유는 분명합니다. 일은 단순히 생계를 위한 수단이 아니라, 인간 존재의 의미와 삶의 방향을 만들어주는 중요한 활동이기 때문입니다.

인공지능과 로봇이 대체하는 일이란?

그럼에도, 인간의 일은 변화를 겪을 수밖에 없습니다. 인공지능과 로봇의 등장은 인간의 일자리에 분명한 변화를 가져옵니다. 저는 그 변화의 흐름을 두 가지 측면에서 이야기해보고자 합니다. 첫째, 오래전부터 축적된 데이터를 바탕으로 반복적으로 이루어지는 일은 인공지능이 탑재된 로봇이 대신하게 될 것입니다. 이건 이제 의심할 필요도 없습니다. 이미 많은 공장에서는 조립 공정, 페인트 도장, 제품의 하자 점검 등의 과정에 사람 대신 로봇이 투입되어 있습니다. 중소기업들도 여건만 된다면 인공지능과 로봇을 활용해 더 많은 작업을 자동화하려 할 겁니다. 그렇다면, 지금 이런 분야에서 일하고 있는 분들은 앞으로의 변화를 어떻게 받아들일까요? 물론, 일부는 적극적으로 변화에 적응하고 새로운 일자리를 찾아내겠지만, 그렇지 못한 많은 사람들은 상실감과 두려움에 빠질 수밖에 없습니다. 그래서 사람들은 인공지능과 로봇이 자신들의 일을 빼앗는 상황을 막고 싶어하고, 그 변화를 두려워하는 것이지요.

하지만 조금 다른 시각에서 보면, "굳이 사람이 하지 않아도 될 일을, 왜 계속 사람이 해야 할까?"라는 질문도 가능하지 않을까요? 특히 반복적이거나 위험하고 지루한 일이라면, 인공지능 로봇에게 맡기는 것이 훨씬 합리적이고 자연스러운 변화일지도 모릅니다. 그렇기에 지금 이 시대에, '교육'이 얼마나 중요한지를 아무리 강조해도 지나치지 않습니다. 지금은 새로운 일을 준비해야 하는 시대이고, 바로 그 준비가 교육을 통해 이뤄져야 하기 때문입니다.

인공지능과 로봇이 생겨나게 한 것도, 결국 '일'의 변화입니다

인류는 오랫동안 수많은 기술을 발전시켜 왔습니다. 그리고 그 기술은, 동시에 수많은 일자리를 사라지게 하기도 했죠. 제가 어릴 적만 해도, 집안일의 대부분은 청소, 빨래, 밥짓기였습니다. 기억 속 어렴풋한 장면 하나가 있습니다. 무쇠솥에 땔감을 넣고 밥을 짓던 모습. 농사짓는 어른들이 많았던 시절이라, 한 끼 식사도 굉장한 양이었을 테고, 매 끼니 밥을 짓고, 매일같이 물을 데워 빨래를 해야 했습니다. 하지만 지금은 어떤가요? 밥은 압력솥이나 전기밥솥이, 빨래는 세탁기가, 청소는 무선 청소기나 로봇 청소기가 해줍니다. 기계가 집안일을 대신하게 되면서, 사람들에게는 여유 시간이 생

100년 전 뉴욕의 거리는 말이 가득했고, 마부가 많이 필요했었지만, 자동차가 등장하고 단 1년 여 만에 거리는 자동차로 뒤덮이고, 마부는 사라졌다고 합니다. [챗GPT 이미지]

졌고, 그 시간 동안 더 많이 배우고, 더 다양하게 일할 수 있게 되었습니다. 그 결과, 우리는 더 적게 일하면서도 더 좋은 제품을 만들고, 더 깊은 지식을 축적해 왔습니다. 생각해 보면, 인공지능과 로봇 역시 그런 여유와 발전 속에서 태어난 산물이 아닐까요?

인공지능과 로봇이 '없애는 일'만 있는 건 아닙니다. 인공지능이 발전하면서, 그 자체로도 새로운 직업들이 생겨났습니다. 예를 들면, 데이터를 정리하고 다듬는 '데이터 전처리 전문가', 데이터에 이름을 붙이는 '데이터 라벨러', 데이터를 분석하는 '데이터 사이언티스트', 그리고 인공지능을 개발하는 'AI 개발자' 등. 로봇도 마찬가지입니다. 로봇을 설계하고 제작하는 사람, 고장이 나면 수리하는 사람, 현장에 적용하는 사람 등, 로봇이 생겨나면서 새로운 일자리도 함께 만들어졌습니다. 결국 새로운 기술은 새로운 직업을 불러오고, 그 과정에서 우리는 전혀 다른 종류의 '일'을 경험하게 되는 것입니다. 그래서 저는 이렇게 생각합니다. 인공지능과 로봇이 생긴다고 해서 '일'이 사라지지는 않습니다. 오히려 '일'은 계속 새롭게 생겨날 것입니다.

인공지능과 로봇의 등장을 통해 변화하는 일

정말 중요한 건, 새로운 변화 앞에서 우리가 어떻게 대처할 것인가를 고민하는 것이라고 생각합니다. 예전엔 사람들에게 한자만 가르쳤지만, 시간이 지나면서 한글과 한자를 함께, 이제는 영어까지 더해 배우는 시대가 되었습니다. 이런 변화는 단지 언어 학습에만 그치지 않겠지요. 수학자들만 다루던 수학을 이제는 모든 학생이 배우는 시대가 되었고, 과거에는 교실만 한 공간을 차지하던 계산기가 이제는 손바닥만 한 스마트폰에 들어와 있죠. 이로 인해 '계산을 대신해주던 직업'은 사라졌고, 우리는 또 다른 기술에 적응해왔습니다. 이처럼, 세상의 변화는 끊임없이 이어지고 있고, 그 안에서 '일' 역시 계속 변해가고 있습니다.

이제는 기계에게 맡길 일과 사람이 해야 할 일을 구분하는 것이 매우 중요해졌습니다. 중요하지 않거나 반복적이고 지루한 일은 기계에게 맡기고, 창의적이고 의미 있는 일에는 사람이 더 집중하는 것이 바람직하겠죠. 불이 나거나 재난이 발생한 위험한 현장에는 로봇이 먼저 투입되고, 사람은 현장의 유연성과 판단력이 필요한 구조 작업에 나서는 식으로 역할을 나누는 것입니다. 또한, 기계의 기본 기능을 수정하거나, 더 복잡한 작업을 수행하도록 학습시키는 일 역시 사람이 맡아야겠지요. 결국, 우리는 '일하지 않는 미래'를 상상하기보다는, AI와 함께 일하고 협력하는 시대를 준비해야 하지 않을까요? 다가올 미래에는, 지금까지 없던 새로운 일들이 많이 생겨날 것입니다. 그런 일이 어떤 모습일지 미리 알아보고, 필요한 능력을 준비해가는 것도 중요합니다. 이 책을 읽으며 미래 사회를 함께 고민하고, '나는 어떤 일을 하고 싶을까?', '나는 어떤 역할을 맡고 싶을까?'를 진지하게 생각해보는 시간이 되길 바랍니다. 변화를 준비하는 사람만이, 멋진 미래의 주인공이 될 수 있습니다.

토론 거리

100년 전에는 존재했지만, 기술이나 기계로 인해 사라진 일과 직업을 찾아 보고, 현재의 기술과 기계로 인해 변화를 겪는 일과 직업에 대해서 토론해 봅시다.

자율주행 기술에 접목되는 인공지능

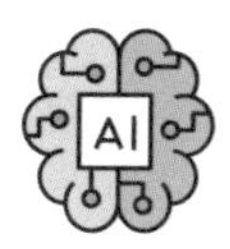

요즘은 인공지능(AI)이 우리 눈에 훨씬 더 잘 보이죠. 아무래도 챗GPT 같은 기술 덕분일 겁니다. 그런데 사실 인공지능은 우리가 보지 못하는 곳곳에서 조용히, 하지만 활발히 활동 중이에요. 그 중에서도, 우리가 매일 이용하는 자동차에 인공지능이 빠르게 들어오고 있습니다. 현재 인공지능 기술이 가장 활발히 연구되고 있고, 기업 간 경쟁이 가장 치열한 분야가 바로 자율주행입니다.

자율주행이란?

우리가 흔히 생각하는 자율주행은, 사람이 전혀 개입하지 않고도 자동차가 스스로 달리는 것을 뜻합니다. 하지만 현실적으로는 사람이 운전대를 잡고 싶은 상황은 앞으로도 존재할 것이에요. 그래서 자율주행 기술은, 운전면허가 없어도 누구나 자동차를 안전하게 이용할 수 있도록 돕는 기술이라고 보는 게 더 적절할지도 모르겠습니다. 사람은 운전을 하기 위해 눈으로 상황을 보고, 머리로 판단한 뒤, 손과 발로 조작하죠. 자율주행은 이 과정을 카메라, 센서, 인공지능, 모터로 대신하는 것입니다. 이 중에서도 가장 중요한 건, 바로 '눈의 역할', 즉 시각 정보를 분석하고 판단하는 능력입니다.

자율주행의 눈, 그리고 뇌

인공지능 자율주행 시스템은 사람의 눈을 대신하기 위해 카메라를 사용합니다. 두 개의 카메라로 입체적인 영상을 만들어, 그것을 컴퓨터가 분석하여 차량을 어떻게 움직일지 판단하는 것이죠. 하지만 단순히 카메라만으로는 부족합니다. 사람처럼 적은 정보로도 빠르게 판단하는 능력은 인공지능이 따라잡기 어렵거든요. 그래서 더 많은 이미지 데이터를 모으고 학습시키고, 이를 실시간으로 처리할 수 있는 강력한 컴퓨터가 필요합니다. 게다가 자동차는 정지해 있는 게 아니라 움직이고 있기 때문에, 판단 속도가 생명입니다. 실수하면 사람이 다칠 수 있으니, 챗GPT처럼 조금 엉뚱한 답을 내놓는 것과는 비교도 안 될 정도로 정확성과 안정성이 중요합니다.

이 때문에 자율주행 기술은 인공지능 기술의 정수(精髓)라고도 불립니다. 사람보다 더 뛰어난 운전 능력을 향해 '사람을 대체한다'는 건, 꼭 사람처럼 작동해야 한다는 뜻은 아닙니다. 자동차는 잘못 움직이면 무서운 흉기가 될 수 있기 때문에, 인공지능이 운전한다면 사람보다 더 안전하고 정밀해야 한다는 것이 기본 전제입니다. 그래서 자율주행 차량에는 카메라뿐만 아니라 레이더와 라이다 같은 다양한 센서가 붙습니다. 레이더는 전파로 거리와 속도를 파악하고, 라이다는 레이저로 주변의 물체를 정밀하게 스캔합니다. 사람이 직접 볼 수 없는 차량의 옆면이나 뒷부분까지 카메라와 센서를 달아, 사람보다 훨씬 더 넓은 시야를 확보할 수 있고, 비나 눈이 오는 날씨에도 안정적으로 운행할 수 있습니다. 또한, 인공지능은 잠깐 등장했다 사라진 사람도 인식해, 미리 예측하고 속도를 줄이기도 합니다. 점점 자율주행 기술은 사람보다 더 안전하고 정확하게 운전하는 방향으로 발전하고 있습니다.

자율주행을 위한 인공지능, 그리고 미래

자율주행 차량은 더 많은 센서와 카메라, 더 복잡한 연산을 처리해야 하므로 빠르면서도 전력 소모가 적은 슈퍼컴퓨터가 필요합니다. 차량에 탑재되려면 크기도 작아야 하겠지요. 이와 함께, 누구나

드론을 타고 다니는 상상도(왼쪽). 자율주행 화물가 운행 중인 유럽과 드론 택시가 운행 중인 중국(오른쪽). [챗GPT 이미지]

베테랑 운전자처럼 안전하게 운전할 수 있도록 하는 알고리즘도 매우 중요합니다. 아직 완전히 사람이 필요 없는 레벨5 자율주행은 현실화되지 않았지만, 그 기술이 완성된다면 교통사고는 크게 줄어들 수 있을 것이라는 기대를 갖게 됩니다. 자율주행 기술은 단지 운전을 대신하는 데서 그치지 않고, 인공지능 기술의 미래를 이끌 중요한 분야입니다. 앞으로 이 기술이 어떻게 발전할지, 어떤 새로운 직업과 변화가 생길지 함께 상상해 보면 좋겠습니다.

자율주행 차량의 한계?!

자율주행 차량이 고장을 일으켰을 때, 운전자를 보호해야 할까요,

횡단보도 위 사람을 보호해야 할까요? 사람이 운전하는 도로 위에서 자율주행 차량이 등장하게 되면, 두 차량은 어떤 혼란을 겪게 될까요? 만일 자율주행 차량에 사고가 난다면, 자동차 회사가 책임을 져야 할까요, 차량을 소유한 사람이 책임을 져야 할까요? 이렇듯 자율주행 차량을 개발하는 과정에서 많은 문제들이 발생할 거라 예상되고 있습니다. 이런 문제를 연구하기 위해 AI 윤리를 전문적으로 다루는 전문가가 있어야 한다고도 하죠. 어쩌면, 자율주행 자동차를 넘어 자율주행 비행기, 자율주행 우주선까지 다루려면 정말 다양한 분야의 연구가 이루어져야 하지 않을까, 생각됩니다. 그래서인지, 자율주행 차량의 수준에 비해 도로 위에서 자율주행 차량을 만나는 건 쉽지 않습니다. 미국의 특정 도시에서만 주행하거나, 정해진 코스나 지역에서만 작동되기도 하죠. 저 역시 자율주행 자동차의 기술은 알지만, 실제 그 기술을 도로 위에서 뽐내는 건 본 적이 없습니다. 오토파일럿으로 유명한 테슬라도 자신들이 가진 기술을 우리의 도로 위에서 제대로 보여주지 못하고 있습니다. 불법이기도 하고, 아직 완벽하지 않기 때문입니다.

그래서, 자율주행 차량을 빨리 도입하기 위해, 버스 전용차로처럼 자율주행 전용 차로를 만들자는 이야기도 나옵니다. 제 생각엔, 일반 도로 위에선 어렵겠지만, 장거리 고속도로 주행의 경우엔, 지금의 기술로도 문제 없이 다닐 거라 예상합니다. 도로에서 고속도로까지는 사람이 운전하고, 고속도로 밖 특정 위치에서 목적지 직전의 고속도로 특정 지역까지 정해진 차선을 운행한다면, 지금도 자율주행 차량은 사용할 수 있으리라 봅니다. 대신 이를 위해선 정해진 차로를 정해야 하고, 법도 개정해야 하죠. 그러니 자율주행 기술을 꼭 소프트웨어나 IT 기술로만 해결하는 건 오히려 발전을 더디게 할지도 모릅니다. 자율주행 기술은 이동에 대한 제한을 완전히 사라지게 하리라 생각합니다. 노약자분들이 언제 어디든 다닐 수 있는 시대, 잠을 자면서도 장거리를 이동하는 시대가 온다면, 사람들은 더욱 멀리, 많이 이동하지 않을까요? 오래 전이지만, 저에겐 익숙한 '전격 Z작전' 드라마의 '키트'처럼 알아서 주차하고, 알아서 저를 태우러 오는 그런 차를 한 대쯤 가질 수 있는 날도 머지않았으리라 기대합니다.

토론 거리

이미 자율주행 차량은 세계 어딘가에서 운행 중입니다. 어디에서 어떤 목적으로 운행 중인지 찾아보고, 우리나라에서 자율주행 차량이 운행된다면 언제, 어떤 목적으로 운행될 가능성이 높을지 토론해 봅시다.

인공지능 시대,
핫한 직업은?

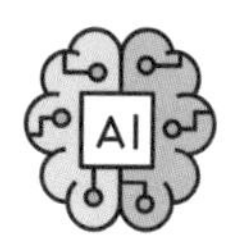

저는 미래 직업에 대해 많은 고민과 연구를 합니다. 제 ID가 베스트 잡 디자이너(Best Job Designer)일 정도였지요. 적어도 20년 넘게 이어온 것 같습니다. 주로 대학생, 청년, 직장인들을 상대하다 보니, 자연스럽게 직업이 얼마나 중요한 역할을 하는지 알게 되었지요. 직업은 일종의 목표가 될 수 있습니다. 우리의 삶에서 직업은 인생에서 가장 큰 영향을 주는 요소라고 할 만큼의 영향력을 가지고 있습니다. 따라서 어떤 직업을 가지려고 생각하는가는 당연히 공부에도, 생각에도 영향을 끼칠 수밖에 없습니다. 그리고 직업은 적어도 10년 정도의 시간을 들여서 준비를 해야 전문가로 제대로 대접을 받을 수 있습니다. '북한산 등반' 같은 목표와는 투입하는 시간과 기간이 차원이 다르지요. 그런 점에서 청소년기에 좋은 직업을 목표로 둔다면, 공부에도, 인생에도 좋은 영향을 끼치겠지요?

'좋은' 직업의 의미 사람들을 구분할 때, 가끔 무슨 무슨 세대라고 표현하기도 합니다. 저는 X세대로 표현되는 그룹에 들어갑니다. 이 세대의 특징이 정체성이 혼란스럽고, 제각각이며, 자아가 강한 세대로 분류됩니다. 그래서 집단적인 걸 별로 안 좋아하는 세대로 알려져 있습니다. 직업적인 면으로 보면, 저희 세대부터 '갖고 싶은 직업', '하고 싶은 일'이 매우 중요해졌던 것 같습니다. 그러다 보니 자신만의 직업을 갖기 위해 일탈하는 사람들도 많았고 (저도 창업이란 길을 걸으면서 그 중 한 명이 되었습니다) 자녀에게는 더욱 그 부분을 강조하는 세대로 볼 수 있습니다.

그런 점에서 '좋은' 직업의 첫 번째 조건은 '갖고 싶은', '하고 싶은' 직업이어야 합니다. 아무리 좋은 직업도 하기 싫으면 버티지 말라고 부추기는 시대가 되었습니다. 수십 년 전에는 아무리 하기 싫어도 남들이 괜찮다고 생각하는 직업이면 버티려고 노력하는 시대가 있었지요. 요즘은 그런 경우를 찾기가 매우 힘들지 않을까 싶네요. 제가 보기엔 불안한 직업인 (순전히 제 관점입니다) 유튜버라는 직업이나 아이돌 가수 같은 직업을 선호하는 것도 다 그런 경향이 아닌가 싶습니다. 그러고 보니 저도 제 자녀들에게 어떤 걸 좋아하는

미국 젊은 층에서 목수의 인기가 높아지고 있는 이유는, AI 와 로봇으로 대체하기 힘든 시장이기 때문이라고 해요. [그록 이미지]

지 자주 물었던 기억이 납니다. 소설 쓰는 걸 좋아하는 첫째, 태권도를 좋아하는 둘째, 어떤 직업을 갖도록 도와주어야 하나, 무척 고민했었지요. 분명한 건, 시킨다고 해서 하기 쉬운 건 아니고 (이건 저도 마찬가지입니다) 주변에서도 당연히 지지를 해주지 않는만큼, 시키기 이전에 '하고 싶은', '갖고 싶은' 직업을 먼저 고민해 주는 건 필수일 것입니다.

두 번째로, 직업의 중요한 역할인 '경제적' 측면에서 충분한 만족

도가 있어야 합니다. 저는 개인적으로 '의사'라는 직업을 좋아하지 않습니다. 개인적으로 그렇습니다. 좋은 직업이고, 멋진 분들이라는 걸 부인하는 게 아니라, 의사분들이 하는 일이 제겐 안 맞습니다. 아픈 분들을 대하는 게 무척 힘들거든요. 그래서 저는 좋은 이야기, 긍정적인 행동이 가득 찬 직업을 좋아합니다. 제가 강사가 되고, 작가가 되고, 변화와 성장에 대해 이야기하는 직업을 가진 것도 다 그런 이유가 있는 셈이지요. 그런데 제가 강사로, 작가로 살아가는데 있어, 제 자신과 가족들의 기본적인 생계가 어렵다면, 지금의 이 직업을 유지하는 것 자체가 힘들어지겠죠? 많은 분들이 의사라는 직업을 좋아하는 이유 중 하나가 수입이 높기 때문입니다. 아무나 원한다고 될 수 없는 직업이긴 하지만, 되기만 한다면 소위 '안정적인 수입'이 어느 정도 보장이 되니까요. 경제적으로 어려움을 겪어본 분들이라면, 대체로 의사처럼 '안정적 수입'이 보장되는 직업을 선호할 거라 봅니다.

세 번째가, 이 책과 관련된 주제로 볼 때, 정말 중요한 조건일 것 같은데요, 변화에 대처하기에 유리한 직업이어야 합니다. 쉽게 말하면, 인공지능과 로봇의 발전을 따라잡기 쉽거나, 대체하기 힘든 직업이어야 한다는 것입니다. 예전에, 인공지능과 직업에 대한 여러 조사를 분석한 적이 있는데요. 가장 대체하기 힘든 직업이 바로 신부와 목사라고 합니다. 그 이유는, 대부분의 사람들이 인공지능을 탑재한 로봇에게 상담을 청하지 않을 것이기 때문이라더군요. 그리고 앞서 언급한 의사라는 직업도, 로봇 의사에게 대체될 가능성이 높다고 합니다. 오히려 간호사라는 직업의 생존율이 높다고 하더군요. 아마, 여러분이 지금까지 생각했던 직업들의 미래와 많이 다르죠? 사실 '유튜버'라는 직업도 이미 대체되기 시작했답니다. 실제로, AI를 활용해서 대본을 쓰고, AI를 활용해서 음악과 영상을 만들어 업로드하는 사람들이 늘고 있습니다. 뭐, '유튜버'를 '유튜브에 업로드해서 돈 버는 사람'이라고 정의하면 살아남겠지만, 유튜브에 필요한 영상을 제작하는 직업이라고 해버리면 굉장히 위험한 직업이 됩니다. 우리가 이 책을 통해 인공지능을 다뤄야 하는 이유는 바로, 인공지능을 모르면 내 직업이 언제 대체될지 알지 못하기 때문입니다.

네 번째 조건은, 일종의 '블루오션' 같은 개념으로 이해하면 좋을 듯한데요. 사람들이 원하는데, 현재 존재하지 않는 분야를 위한 직업입니다. 제 ID인 'Job Design'의 개념을 한글로 표현하면 '신직업', '창직' 정도 될 것 같습니다. 현재까지 개발된 인공지능과 로봇은, 어느 정도 인간으로부터 아이디어를 얻습니다. 정보를 처리하는 기법, 물건을 올리는 방법 등 당장 눈앞에서 확인하기 쉽다 보니 인공지능과 로봇은 점점 인간을 닮아갑니다. 그렇다 보니 인공지능과 로봇의 기술이 발전할수록 인간의 직업을 대체하는 것이죠. 하지만, 현재 존재하지 않는 직업이라면, 이야기가 다릅니다. 당장 직업이 존재하지 않으니 베낄 수도 없고, 데이터가 없으니 학습하기도 힘듭니다. 그런 틈새를 찾아내서 직업을 갖는다면 인공지능과 로봇의 공세를 이겨내기 쉬워지고, 사람들이 관심을 두는 분야이니 수익적인 면에서도 금세 효과를 거둘 수 있습니다.

다섯 번째 조건은, 지속적으로 변화하고 성장하기 쉬운 직업이어야 합니다. 아마도, 거의 모든 직업에서 인공지능과 로봇은 '당연히' 사용하는 도구가 될 것입니다. 그러면 인간의 역할은 뭘까요? 바로 지금 당장 로봇이 배우지 못한 새로운 영역, 새로운 기술을 탐구하고 도전하는 역할을 해야 합니다. AI 뒤에 슈퍼컴퓨터가 있다 할지라도, 새로운 정보를 처리하는 능력은 인간과 비교할 수 없습니다. 그런 점에서, 자신의 직업에서 늘 새로운 정보를 찾고, 새로운 도전을 하는 사람이라면 인공지능의 공세로부터 자신의 역할을 지켜낼 것입니다. 따라서, 새로운 정보를 찾고 도전하는 게 쉬운 직업일수록 생존율이 높을 수밖에 없을 것입니다.

뭐, 이 외에도 다양한 직업 조건을 들 수 있겠지만, 지금은 이 정도만 이야기해도 충분할 듯합니다. 평생 일하는 시대로 접어들고 있습니다. 원하든 원치 않든, 죽는 순간까지 무언가를 해야만 하는 게 인간이기도 하죠. 그런 점에서, 평생 직업이 하나는 아닐지라도, 평생 직업을 가진 사람으로 살아가는 건 참 멋진 일입니다. 아, 평생 일하는 걸 나쁘게 여기는 분들이 계실까 봐 두 가지만 이야기합니다. 일한다는 것은 쉴 수 있다는 뜻이기도 하고요, 또 평생 일하는 분들이 건강도 대체로 좋다는 사실은 알고 계셨으면 합니다. 그러니, 평생 직업을 일찌감치 고민하고, 준비한다면, 여러분은 오래도록 좋은 직업을 갖고 살아갈 수 있을 겁니다.

토론 거리

'좋은 직업'의 조건에 맞는 미래 직업을 생각하고 토론해 봅니다. 특히, 학생들이 사회에 진출할 시기에 맞춰 2035년/2040년에 괜찮은 직업이 무엇일지 찾아보고 토론해 봅시다.

AI가 가득한 시대, 인재의 조건

인공지능의 영향력이 점점 커지고 있습니다. 이러다가는 인간의 모든 일자리를 빼앗아 버릴 것만 같지요. 마치 영화 터미네이터가 보여준 디스토피아가 열리는 건 아닐까? 하는 걱정이 생기곤 합니다. 그나마 다행인 건, AI는 아직 인간의 손길이 필요하다는 겁니다. 영화 터미네이터에서도 사람의 활약은 돋보이죠. 이길 승산이 없어 보이는데도, 기계들의 허점을 파고들고, 또 다른 기계를 만들어 협력하며 상황을 뒤집어엎기도 하죠. 아무리 디스토피아가 된다 할지라도 인간은 꽤 쓸모있는 존재가 될 것입니다. 그리고, 인간이 없다면, 디스토피아라는 개념 자체도 사라질지도 모릅니다. 앞으로 인공지능은 보편화되어 있을 것입니다. 로봇도 우리 사회에 꽤 많이 퍼져 있을 텐고, 자동차는 자율주행차가 상당한 비중을 차지하고 있겠죠. 그런 시대에 어떤 역량을 가질 것인가를 그때 가서 준비하면 늦겠죠. 그런 점에서 인공지능 세상에서 필요로 하는, 미래 인재의 조건을 몇 가지 살펴보면 좋겠습니다.

핵심 역량

핵심 역량은, 사람이 반드시 가져야 할 역량이라고 보면 되겠습니다. 예를 들어, 계산기의 성능이 아무리 빨라도, 숫자를 입력해 주는 정도는 사람이 해야 하니, 계산기의 시대에 숫자를 입력해주는 직업이 생겨날 수 있는 것처럼 말이죠. 그런 점에서, 인공지능이 보편화된 세상에서 인공지능이 하는 일을 똑같이 하는 건 바람직하지도 않고, 권장되지도 않습니다. 인공지능을 잘 살펴보면, 의외로 잘 안 되는 게 있습니다. 바로, 사람 자체를 대체하는 게 잘 안 됩니다. 예를 들어서, 우리가 먹고 싶은 음식을 선택할 수 있는데, AI에게 그 선택권을 완전히 맡기는 건 다른 문제가 됩니다. 아무리 인공지능이 발전을 하더라도 사람이 가진 '선택권'의 주인공이 되기 위한 노력은 여전히 필요합니다.

그런 점에서 '의사결정'을 하고, 사람들과 밀고 당기는 협상을 하고, 사람을 설득시키는 역량은 여전히 중요합니다. 급하지도 않고,

중요하지도 않고, 돈도 별로 안 드는 무언가에서 AI가 그냥 정해주는 대로 받아들일 수는 있겠지만, 급하고, 중요하고, 돈도 많이 드는 무언가를 결정할 때, 사람의 역할은 여전히 중요해집니다. 심지어, 어떤 영역에서는 기계로 대체되는 것 자체를 꺼려하는 경우도 있습니다. 미래 직업 중에 종교인이 의외로 높은 순위를 차지하는 이유는, 대부분의 사람들이 자신의 종교 속에서 가장 중요한 역할을 기계로 대체하는 걸 꺼려하기 때문이지요. 그런 점에서, 사람을 직접 상대하면서 사람들의 마음을 얻어내는 직업은 여전히 유용할 것입니다. 따라서, 그런 직업에 꼭 필요한 역량은 굉장히 중요해질 수밖에 없습니다.

인공지능/도구

인공지능이 아무리 뛰어나도, 가장 최신의, 가장 극한의 지식은 결국 인간이 창조해야 한다고 생각합니다. 그러기 위해서는 옛날처럼 책을 읽고, 여러 번 반복해서 읽는 것만으로는 부족하게 됩니다. 아무리 최첨단 기술이 발달해도, 인간을 성장시키는 데 필요한 '교육'은 여전히 중요해지는 이유입니다. 그래서인지, 인공지능 관련 기업들은 '교육' 분야에 대한 관심이 높습니다. AI 교과서를 만들고, AI 교사를 구현하려 하고, AI 코치를 만들어 학생들의 성장을 돕고

자 하죠. 그런 점에서 다양한 AI 도구들이 등장할 때, 이 도구를 잘 쓰느냐, 그렇지 못하느냐는 성과에 큰 영향을 끼치게 됩니다. 실제로 챗GPT가 등장하고 나서, 많은 교육 현장에서 학생들의 리포트 평가가 어려워졌습니다. 학생들이 AI 도구를 활용해서 만들어낸 리포트를 평가하는 선생님이나 교수님들이 따라가지 못했기 때문입니다. 그러자 이번엔 선생님과 교수님들의 무기가 등장합니다. 바로 AI로 만든 리포트인지 아닌지를 평가해주는 AI 도구가 그것입니다. 재미있지요? 세상은 이렇게 돌아갑니다. 창이 생기면 방패가 생기고, 그 방패를 이기는 총이 생기고… 그런 점에서 이제 AI 도구를 잘 다루느냐, 그렇지 않느냐, 는 커다란 역량의 차이를 만들어냅니다. 쓰기 싫다고, 쓰지 말라고 해서 상대가, 경쟁자가 쓰지 않으리라는 보장이 없으니까요. 그런 점에서 좋은 AI 도구를 분별하고, 잘 쓰는 법을 배우는 건 무척 중요합니다.

한동안 챗GPT가 세상에서 가장 강력한 도구인 것처럼 느껴졌지만, 마이크로소프트가 코파일럿이란 AI를 만들고, 구글은 제미나이라는 도구를 만들고, 미드저니나 스테이블디퓨전 같은 이미지·영상 제작 도구도 등장합니다. 써본 사람들은 다 이렇게 이야기합니다. 한 번 쓰기 시작하면, 이전으로 돌아가기 힘들다고요. 또 이렇게도 이야기합니다, 쓰는 사람의 역량 차이가 결과물의 차이를 만든다고요. 그러니 피하지 말고, 잘 분별해서 쓰는 게 미래에 아주 아주 중요한 역량이 될 것입니다.

학습 역량

요즘 가장 핫한 인공지능의 성능이 어느 정도냐면, 대략 세계적인 대학원의 상위 10% 석사 수준 정도로 봅니다. 굉장하지요. 특정 학교의 특정 학과가 아니라, 세계적인 대학원의 거의 모든 분야에서 상위 10% 대학원생 수준의 역량을 갖고 있다는 뜻이니까요. 그러면 이 세상의 많은 일자리가 당장 다 사라지느냐? 그렇지 않습니다. 의외로 현장에서 요구하는 역량은 꽤 높습니다. 대학이나 대학원에서 가르치지 못하는 역량과 지식도 상당합니다. 그래서 취업하는 게 그렇게 힘든 것입니다. 과거에는 대학이나 대학원을 졸업하면 기업이 요구하는 수준 이상의 지식을 가진 사람으로 보았지만, 지금은 그렇지 않기 때문입니다.

그렇다면 우리는 이런 질문도 해봐야 합니다. 세계적인 대학이나 대학원에서 가르칠 수 없는 지식과 역량을 어떻게 배우나요? 당연히 취업해서, 사회에 나가서 배워야 합니다. 그런데, 세계적인 대학이나 대학원에서 공부할 때 쉽게, 편하게 하지는 않았겠지요? 아마 꽤 많은 노력과 열심을 기울였을 겁니다. 그런데 그것으로도 부족해서 또 공부를 해야 하니, 얼마나 힘들겠어요. 게다가 취업하고 사회에 나가면 공부만 할 수도 없습니다. 일하면서 공부해야 합니다. 어떤 회사는 근무 시간에 공부할 기회를 주기도 하겠지만, 절대 충분하게 줄 수는 없을 겁니다. 결국 스스로, 개인 시간에, 개인의 노력과 투자로 공부를 해야 합니다.

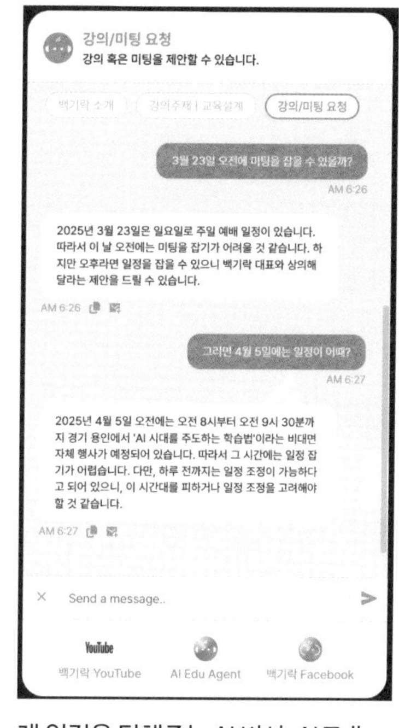

제 일정을 답해주는 AI 비서. AI Talker라는 제품으로 구현하여 사용하고 있습니다.

그런 점에서 미래 인재의 조건 중 아주 중요하게 다뤄지는 것이 바로 학습 역량입니다. 좋은 학교에 합격했다고 해도, 평생 일하면서 계속 공부하는 것은 완전히 다른 역량입니다. 이건 학원을 많이 다닌다고 해서 해결되지 않습니다. 오히려 학원이나 과외에 의존한 학생들이 잘 갖추기 힘든 역량일 수도 있습니다. 내가 배워야 하는 것을 구별하고, 가장 잘 배울 수 있는 방법을 찾아내며, 자신이 필요로 하는 수준까지 올라가는 것. 게다가 그 과정을 가장 효과적으로 구현해내는 것은 굉장히 높은 역량이 될 수밖에 없습니다. 이제 탁월한 학습 역량을 갖추지 못한다면, 지속적인 성장을 이뤄내기가 힘들어집니다. 어쩌면 바로 이 '학습 역량'이야말로 학교에서 가장 잘 훈련시켜야 하는 역량이 아닐까 싶기도 합니다.

데이터

요즘 인공지능을 좀 안다는 리더들이 인공지능이 학습할 수 있는 데이터가 고갈되었다는 이야기를 합니다. 아니, 세상에 얼마나 지식이 많은데 더 배울 게 없다니… 말이 될까요? 그런데, 말이 됩니다. 대놓고 공개하진 않지만, 사실상 공개된 웬만한 웹사이트의 내용, 사진, 영상 등을 기반으로 인공지능을 만들고 있다는 건 잘 알려진 비밀입니다. 지적재산권 측면의 분쟁은 차치하고라도, 어떻게든 더 나은 인공지능을 만들기 위한 기업들의 노력은 어마어마합니다. 앞으로 제가 모르는 획기적인 인공지능이 등장할지도 모르지만, 아무튼 현재 인공지능을 잘 만들려면 좋은 학습 모델(알고리즘이라고도 합니다)이 필요하고, 엄청나게 강력한 컴퓨터가 필요하며, 굉장히 많은 데이터(빅데이터라고 하죠)가 필요합니다. 그런데 아무리 컴퓨터가 강력하고, 아무리 학습 모델이 좋아도, 애당초 데이터의 품질이 낮다면 인공지능은 절대 좋은 제품이 될 수 없습니다. 빅데이터라고 해서 온갖 데이터를 모으는 과정이 데이터의 규모를 키우는 데는 도움이 될 수 있어도, 품질까지 보장하는 것은 아니거든요. 데이터의 품질을 높이는 데에는 사람의 역할이 전적으로 필요합니다. 그것도 매순간, 현장에서 직접 부딪히면서 얻은 데이터는 금보다 소중해질 수도 있습니다. (지금도 데이터를 석유에 비유하기도 하죠.) 그래서 누군가를 채용할 때 그 사람이 가진 데이터를 함께 활용하는 계약을 맺게 될 것입니다.

교육 설계를 할 때 제가 제공한 수년 치의 데이터가 있을 때와 없을 때의 차이가 굉장히 큽니다. 20여 년 동안 축적된 다양한 교육 관련 자료들을 다 학습시킨다면, 어마어마한 AI가 등장하겠지요? 결과물을 보면, 현장에 있는 전문가들은 바로 압니다. 이걸 바로 쓸 수 있을지, 손을 많이 대야 할지, 그냥 안 쓰는 게 좋을지 바로 판단이 된답니다. 그런 점에서 양질의 데이터를 함께 활용하는 기업과의 계약이 늘어나고 있죠. 최근 신입 직원들보다 경력직원에 대한 선호도가 높아지는 것도, 어떻게 보면 사람이 가진 지식과 경험의 '품질'이 너무 중요해졌기 때문이기도 합니다. 아무리 AI가 발전해도, AI를 발전시킬 사람이 필요하고, AI를 활용할 사람도 필요합니다. 그러니 AI 때문에 사람이 사라질 거란 걱정은 안 하셔도 됩니다.

다만, '사람이 어떻게 살아가느냐'에 있어서 AI가 큰 변수로 작용하는 건 피할 수 없습니다. 불과 1~200년 전이라면 우리가 영어를 필수 외국어로 공부하지 않았을 겁니다. 세상이 바뀌면 공부할 내용도, 방법도 바뀌기 마련이지요. 하물며 10년, 20년 뒤 미래에는 당연히 더 큰 변화가 생겨나겠지요? 그 변화를 잘 읽고 준비한다면, 분명 좋은 인재가 되어 세상을 널리 이롭게 할 것이라 확신합니다.

구분	2008년	2013년	2018년	2023년
1위	창의성	도전정신	소통·협력	책임의식
2위	전문성	책임의식	전문성	도전정신
3위	도전정신	전문성	원칙·신뢰	소통·협력
4위	원칙·신뢰	창의성	도전정신	창의성
5위	소통·협력	원칙·신뢰	책임의식	원칙신뢰
6위	글로벌역량	열정	창의성	전문성
7위	열정	소통·협력	열정	열정
8위	책임의식	글로벌역량	글로벌역량	글로벌역량
9위	실행력	실행력	실행력	실행력
10위	-	-	-	사회공헌

대한상공회의소가 5년마다 조사, 발표하는 100대 기업 인재상.

인공지능 시대에 필요한 법과 윤리

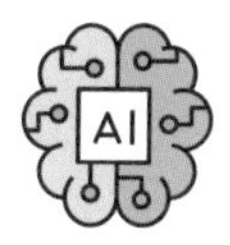

새로운 도구가 등장하면 우리가 살아가는 세상은 많은 변화를 겪게 됩니다. 그 도구에 대해 생각지도 못한 쓰임새가 생겨나고, 그로 인해 대비하지 못한 문제들이 발생하지요. 갈등이 벌어지고, 법적 공방이 이어지며, 새로운 법이 등장하기도 합니다. 인공지능 기술이 급속도로 발전하면서, 인공지능 역시 여러 혼란과 법적 변화의 중심에 서게 되었습니다. 그중에서도 교육 현장에서 만날 수 있는 여러 법적·윤리적 상황들을 살펴보고자 합니다.

인종차별하는 AI?

챗GPT 덕분에 전 세계적으로 인공지능 열풍이 일었지만, 그 이전에도 인공지능은 이미 존재했고 다양한 기술로 구현되고 있었습니다. 마이크로소프트는 인공지능 분야에서 특히 앞선 기업 중 하나였는데, 2016년 아주 인상적인 인공지능인 '테이(Tay)'를 선보였습니다. 챗GPT처럼 테이도 챗봇이었으며, 당시 트위터 이용자들을 대상으로 서비스를 시작했습니다. 그런데 출시 직후 논란에 휩싸이며 하루도 지나지 않아 서비스가 중단되었고, 보완 과정을 거쳐 재출시되었지만 논란을 벗어나지 못해 결국 서비스는 종료되었습니다. 당시 여러 논란이 있었지만, 가장 큰 질타를 받은 부분은 바로 '인종차별'이었습니다.

미국이라는 나라에서 인종차별은 우리가 생각하는 것보다 훨씬 더 민감하고 중요한 주제입니다. 그런 나라에서 인공지능 챗봇이 인종차별적인 발언을 쏟아냈으니, 조용히 넘어갈 수는 없었겠지요. 그런데 이걸 만든 마이크로소프트가 그 문제를 몰랐을까요? 물론 인종차별의 심각성을 몰랐던 것은 아니었고, 일부러 그런 결과를 유도한 것도 아니었습니다. 문제는 트위터 사용자들이 테이를 '인종차별하는 AI'로 만들어버렸다는 사실입니다. 트위터는 표현의 자유가 강하게 보장되고, 발언 수위도 높은 편이며, 짧고 즉각적인 반응이 오가는 특성상 사용자들의 편향적인 표현이 필터링 없이 올라오기도 합니다. 물론 누군가를 팔로우하지 않으면 불쾌한 글을 볼 필요가 없으니 문제가 크지 않을 수도 있습니다. 하지만 AI에게 편향된 질문과 답변을 계속 주고받으며, 그 내용을 AI가 '학습'하게 만든 것이 문제였습니다. 마이크로소프트가 의도한 바는 아니었지만, 그걸 막지도 못했던 것입니다. 이 편향성 문제는 지금도 인공지능 발전에 있어 중요한 걸림돌로 남아 있습니다. AI가 의도하지 않아도, 학습한 데이터에 편향이 있다면 AI는 결국 편향된 답변을 할 수밖에 없습니다. 편향성과 관련해 또 다른 쟁점은, 그 편향이 실제 사회의 현실을 반영하는 것이라면 과연 그것이 문제인가 하는 점입니다. 한 영상에서 편향성 문제를 지적하며, AI가 생성한 스튜어디스 이미지가 모두 여성이라는 점을 문제 삼았습니다. 그런데 실제로 우리 사회, 아니 전 세계적으로 여성 승무원의 비율이 압도적으로 높은데, 이것이 과연 편향일까요? 매우 복잡하고도 섬세한 고민이 필요한 지점입니다.

AI에게 '윤리'란 무엇인가?

사실 윤리는 명확한 기준이 없습니다. 사회 공동체 구성원들이 대체로 동의하는 어떤 가치나 기준을 윤리라고 할 수 있지만, 그 합의가 쉽지 않고, 설령 합의가 이뤄진다 해도 시간이 지나면 바뀔 수 있다는 게 문제입니다. 따라서 윤리적 기준의 모호함은 AI 세계에도 그대로 적용될 수밖에 없습니다. 그럼에도 AI의 영향력이 점점 커지고 있는 만큼, 아무런 기준 없이 방치할 수는 없겠지요. 이에 따라 다양한 기관에서 AI에 대한 윤리적 지침을 연구하고 발표하고 있습니다. 대표적인 예로 2020년 과학기술정보통신부에서 발표한 '신뢰할 수 있는 인공지능 실현전략'을 들 수 있습니다.

이미 2019년부터 세계 주요 국가들은 인공지능에 윤리적 기준이 필요하다는 목소리를 내기 시작했고, 이러한 논의의 흐름 속에서 한국 역시 관련 전략을 발표하게 된 것입니다.(관련 자료는 링크 혹은 QR 이미지 참조 : https://www.msit.go.kr/bbs/view.do?sCode=user&mId=113&mPid=238&bbsSeqNo=94&nttSeqNo=3180239)

서울특별시교육청에서도 교육 현장에서 AI를 활용하는 데 필요한 여러 지침을 연구하고 발표하였습니다. 이름하여 '인공지능 공공성 확보를 위한 현장 가이드라인'입니다. 이 가이드라인에는 AI 도구나 기술을 도입하려는 학교가 어떤 조직을 구성하고, 어떤 절차를 거치며, 어떤 기준으로 도구를 평가하고 활용해야 하는지에 대한 다양한 기준이 담겨 있습니다. 특히 '할루시네이션

(hallucination)'과 같은 오류가 완전히 제거되지 않은 상황에서, AI 도구들이 무분별하게 도입될 경우 학생들에게 잘못된 인식을 심어 줄 수 있다는 우려가 큽니다. 따라서 AI 도입을 적극적으로 고민하고 계신 분이라면 꼭 읽어보셔야 할 지침서라고 생각합니다.

서울시교육청TV 유튜브 채널에도 관련 자료에 대한 설명 영상이 있으니, 함께 시청해 보시는 것도 좋겠습니다. (관련 자료는 링크 혹은 QR 이미지 참조 : https://youtu.be/-73sK23yeNg)

AI 관련 법과 윤리를 다룰 때

최근 'AI 기본법'이 등장하면서 인공지능 관련 논의의 불확실성이 다소 해소되는 분위기지만, 아직 이 법은 완전한 형태로 정비되지 않았고, 법만으로 모든 윤리적 문제를 해결하기에는 한계가 있습니다. 따라서 인공지능 시대의 법과 윤리를 '가르치는' 과정은 여전히 쉽지 않은 일입니다. 하지만 그렇기 때문에 오히려 토론 주제로는 매우 적절하다고 볼 수 있습니다. 명확한 정의는 아니지만, 일반적으로 '법'은 최소한의 윤리 혹은 도덕이라고 이야기합니다. 예를 들어, AI를 활용해 타인의 얼굴이나 신체를 임의로 변경해 배포하는 행위를 단순한 장난으로 여기던 사회적 분위기 속에서, 관련 법이 등장하면서 이른바 '페이크 이미지'나 '딥페이크 영상'에 대해 경각심을 갖게 된 것이 대표적인 사례입니다. AI 도구가 워낙 강력해지다 보니, 이제는 고의로 누군가에게 피해를 주는 일도 비교적 손쉽게 가능해졌습니다. 이미지 몇 장으로 가짜 영상을 만들 수 있고, 간단한 문장만으로 수 페이지 분량의 글도 생성할 수 있는 시대가 된 것이지요.

인공지능 기술의 발전은 자율주행 같은 영역에서 인간의 삶을 크게 바꾸고 있습니다. 머지않아 누구나 운전면허 없이도 차량을 이용할 수 있게 되리라는 기대가 커지고 있습니다. 하지만 자율주행 차량에 문제가 생겨 도로 위에서 사고를 피할 수 없는 상황이 벌어졌을 때, 어떤 선택을 해야 하는지, 그 책임은 누구에게 있는지에 대한 논의는 여전히 논쟁 중인 윤리적 딜레마입니다. 이런 딜레마는 주로 법적 판단과 윤리적 판단이 충돌할 때, 혹은 개인의 윤리 기준과 사회적 윤리 기준이 어긋날 때 발생합니다. 자율주행차가 실제 사고 상황에서 어떤 판단을 내리도록 설계할 것인가에 대한 논의가 부족하다면, 피해는 운전자뿐 아니라 사고로 인한 제3자에게도 전가될 수밖에 없습니다. 학생들이 법과 윤리에 대해 전문적인 지식이나 경험은 부족할 수 있지만, 이러한 고민을 미리 해보는 경험은 자신의 미래를 준비하고, 사회적 이슈에 대해 적극적으로 고민할 수 있는 역량을 기르는 데 큰 도움이 될 것입니다.

학교폭력과 인공지능

최근 학교 내 폭력 문제가 자주 뉴스에 오르내리고 있습니다. 학생 생활지도가 교사의 중요한 역할 중 하나이긴 하지만, 어디까지가 교육적 지도의 범위이고 어디서부터가 법적 처벌의 대상인지 그 경계를 판단하는 일이 늘 어렵습니다. 이러한 현실 속에서, 최근에는 법률과 인공지능을 접목한 '리걸테크(Legal-Tech)' 기업들이 다양한 법적 이슈를 다루기 시작했으며, 학교폭력 관련 사례까지 분석하고 조언하는 서비스도 등장하고 있습니다. 이는 학교 현장이 겪는 법적·윤리적 어려움이 그만큼 복잡하고 실제적인 문제로 다가왔다는 점을 시사합니다. AI가 단순히 기술적인 도구를 넘어, 교육과 법, 윤리의 문제까지 연결되기 시작한 지금, 우리는 AI를 단지 '사용하는 도구'로 볼 것이 아니라, 함께 살아갈 존재로 인식하고 준비해야 합니다. 실제로 법적인 해석은 일반적인 상식이나 개인적인 해석과는 다른 경우가 많습니다. 문제는, 그러한 수많은 법적 판단의 결과를 우리가 쉽게 찾아보거나 이해하기 어렵다는 것입니다. 그렇다 보니 학교 현장에서 발생하는 다양한 이슈, 특히 학교폭

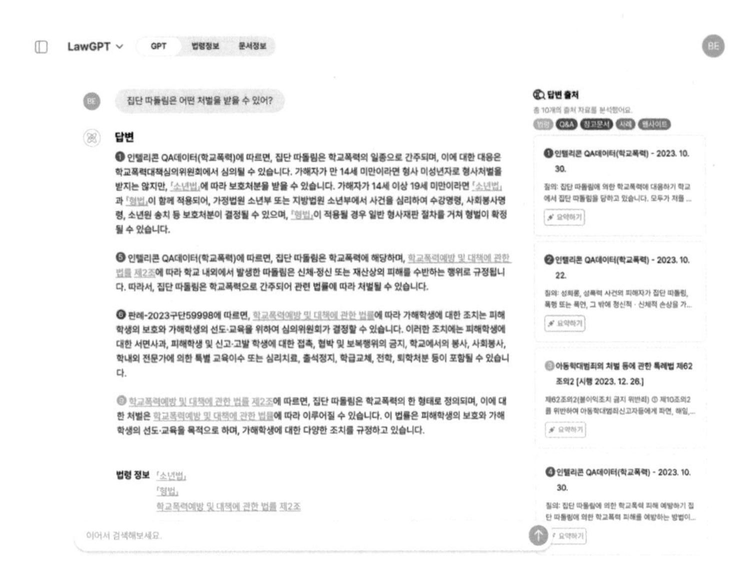

학교폭력에 관해 답변하는 인텔리콘의 LawGPT.

력과 관련된 문제는 학생 당사자뿐만 아니라 교사들에게도 매우 민감하고 복잡한 고민거리가 될 수밖에 없습니다.

이런 상황 속에서, 최근 법률 분야에 인공지능을 접목한 다양한 기업들이 등장하고 있다는 사실은 반가운 변화입니다. 앞으로 법과 윤리의 딜레마를 보다 명확하고 실용적인 방향으로 해결해 나가는 데 도움이 될 수 있을 것이라 기대해볼 수 있습니다. 실제로 국내에도 학교폭력과 관련된 법적 이슈를 AI 기술을 통해 분석하고 조언하는 시스템들이 등장하고 있으며, 현장의 고민을 덜어주는 실질적인 지원 도구로 활용될 수 있습니다. 그럼에도 불구하고, 법이 아직 존재하지 않는 새로운 문제들에 대해서는 결국 개인과 사회의 윤리적 판단이 기준이 될 수밖에 없습니다. 이미 존재하는 법 역시, 사회적 윤리 기준이 변화함에 따라 수정되거나 새롭게 만들어지는 것이기도 하지요. 인공지능이라는 강력한 기술과 도구 앞에서 우리가 앞으로 마주하게 될 변화들을 모두 예측할 수는 없습니다. 그러나 지금부터라도 학생들이 이러한 주제를 배우고, 서로의 생각을 나누며 토론해보는 경험을 한다면, 미래 사회의 문제를 스스로 고민하고 해결할 수 있는 작은 씨앗을 심는 일이 될 수 있을 것입니다.

토론 거리

학생들과 함께 자율주행차량의 딜레마에 대해 토론해 봅시다.

브레이크가 고장난 자율주행 차량을 멈춰 세우기 위해 왼쪽 혹은 오른쪽으로 핸들을 꺾어 차량을 부딪혀야 합니다. 왼쪽에는 놀이터가 있고, 오른쪽에는 경찰에 쫓기는 어떤 사람이 있습니다. 만일 선택을 하지 않는다면 수많은 차량들 사이에서 많은 충돌을 겪게 되고 탑승자 및 여러 운전자가 죽을 수 밖에 없습니다. 어떤 결정이 윤리적으로 좋은 결정인지 토론해 봅시다.

함께 고민하고,
함께 나아가기를

이 글을 쓰면서, 문득 우리의 학교 현장을 떠올리지 않을 수 없었습니다. 제가 학생이었을 때, 이런 이야기를 들은 적이 있습니다.

"70년대 교실에서, 80년대 교사가, 90년대 아이들을 가르친다."

슬프게도 이 표현은, 앞자리 숫자만 바뀐 채 여전히 유효한 말처럼 느껴졌습니다. 그럼에도 불구하고, 대한민국은 여전히 세계 속에서 치열한 경쟁을 이겨내고 있습니다. 답답해 보였던 교실과 수업이 생각보다 효과적이었다는 사실도 자주 확인하게 됩니다.

우리에겐 여전히 기회가 있고, 우리는 점점 더 풍요로워지고 있습니다. 남은 것은, 지속적인 고민과 변화에 대한 수용이 아닐까 싶습니다. 물론, 부모님의 역할도 중요하고, 교육정책을 설계하는 분들의 고민도 중요합니다. 하지만 결국, 현장에 있는 선생님들과 학생들의 역할이 가장 핵심입니다. 그래서 이 글에서는 거창한 선언이나 구호보다, 작지만 실천 가능한 이야기, 조금만 노력하면 해볼 수 있는 변화에 집중하고자 했습니다.

세상 어느 나라도 모든 영역에서 완벽할 수는 없습니다. 늘 고민해야 하고, 선택을 통해 변화의 길을 증명해야 합니다. 그 점에서 우리 역시 다르지 않습니다. 다만, 고민을 조금 더 깊이 하고, 선택을 조금 더 잘할 수 있다면, 그 과정에서 이 책이 작은 도움이 될 수 있다면, 저로서는 책임감의 일부를 내려놓을 수 있을 것 같습니다.

저는 지금 학교 교실에 있지는 않지만, 사회 곳곳의 학습 현장에서 활동하는 현직 강사이자 컨설턴트입니다. 그리고 앞으로도 AI와 로봇을 활용해 더 잘 공부하고, 더 잘 활용할 수 있도록 돕는 베스트 AI 코치(Best AI Coach)의 역할을 계속해 나갈 것입니다. 언제든, 어디서든, 더 좋은 교육 환경과 더 탁월한 학습 방법을 함께 고민하고 실천하기를 희망합니다.

Best AI Coach

백기락

부록1_선생님에게 도움이 되는 AI 도구

부록2_AI와 로봇을 이해하는 데 도움이 되는 책과 영화

선생님에게 도움이 되는 AI 도구

.hwp 파일도 다루는 한국형 AI 도구, 웍스AI(https://wrks.ai)

우리나라의 특별한 프로그램 중 하나가 한글 워드프로세스입니다. MS Word에 비해 정교한 편집이 가능하고, 무엇보다 한국 기업이 만든 프로그램이다 보니 교육 현장이나 공공 기관에서 많이 사용합니다. 문제는, 한국에서 사용하다 보니 글로벌 호환성이 낮은 편입니다. 우리가 평소에 사용하는 챗GPT(OpenAI), Gemini(Google), Copilot(Microsoft)에서 바로 사용할 수가 없어, PDF로 변환해서 사용하기가 일쑤죠.

웍스AI는 국내 스타트업이 만든 제품이랍니다. 그래서인지, 일찌감치 HWP 포맷의 파일을 직접 다룰 수 있는 기능을 지원합니다. 게다가 챗GPT API 뿐 아니라 클로드(Claude) API를 같이 사용해서, 글쓰기 등에 더 뛰어난 효과를 낼 수가 있습니다.

학교 현장에서 좀더 편리하게 사용하실 수 있는 도구라 소개해 봅니다.

검색 내용을 잘 정리해주는 제미나이(https://gemini.google.com)

학교 현장에서 많이 사용하는 제품을 가장 많이 갖고 있는 기업은? 이라고 질문하면 어느 기업이 정답일까요? 바로 구글(Google)이랍니다. 일단, 검색과 영상 시장을 사실상 장악하고 있는데다 무료 E-mail인 G-mail, 여기에 세계 최대 교육 플랫폼이라 불리는 구글 클래스룸을 무료로 제공하고 있습니다.

구글이 만든 AI인 제미나이(Gemini)는 대부분의 분야에서 상위권을 차지하고 있는 AI 서비스인데요, 아쉽게도 챗GPT나 그록(Grok) 같은 유명한(?) AI 때문에 상대적으로 덜 알려져 있습니다.

특히 검색 분야에서 워낙 뛰어난 기반을 갖고 있다 보니, 검색 결과를 바탕으로 AI의 정확성을 높이는 RAG 분야에선 대표적인 AI로 보셔도 됩니다. 그리고 상대적으로 덜 알려져 있다보니 무료로 많은 기능을 사용하고 있고, 지금도 새로운 AI 서비스를 무료로 제공하는 있는 기업이기도 하죠. 유료 AI 서비스를 대신해주는 AI 서비스로 추천하고 싶네요.

도표 기능은 이게 최고에요, 냅킨 AI(https://napkin.ai)

저는 글로 무언가를 읽는 걸 좋아합니다만, 그래도 중간 중간 시각적 효과가 들어가면 훨씬 읽고 배우기가 좋았습니다. AI가 그림, 사진도 만들어주고, 영상도 화려하게 만들어주지만, 대부분의 결과물은 일반 문서에 사용하기엔 좀 거추장스럽죠.

냅킨 AI는 무료이면서도, 교육 콘텐츠를 만들 때 주로 쓰는, 다양한 도표, 시각적 효과를 만들어주는 AI입니다. 저에겐, 경쟁자가 몰랐으면 하는 AI 서비스이기도 하답니다. 아래의 그래프는 [부록1]

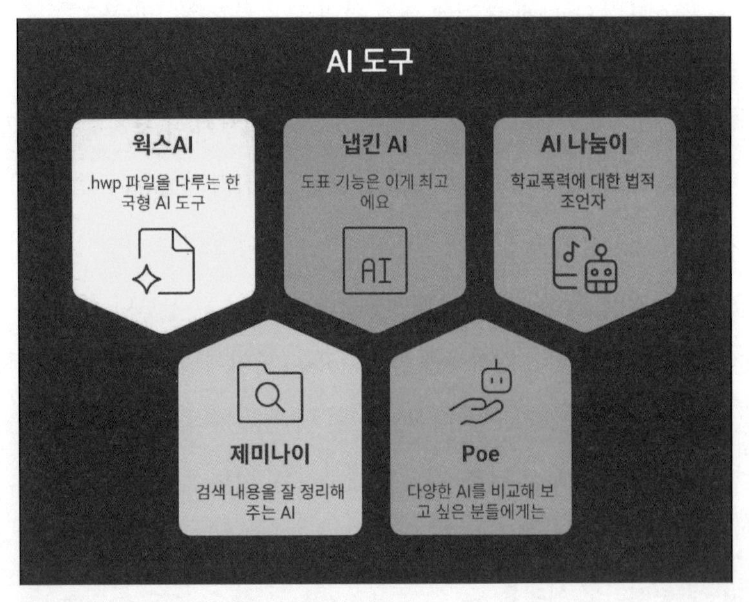

냅킨 AI로 만든 부록 1 내용의 시각화 이미지.

부분을 바탕으로 만들어본 도표입니다. 이런 그래프를 순식간에 만들어주니, 추천하지 않을 수가 없겠죠? AI 서비스인만큼, 사용법도 굉장히 쉽습니다. 원하는 내용을 입력하고, 만들어지는 그래프를 쓰셔도 되구요. 처음부터 프롬프트에 원하는 내용을 넣어서 결과를 사용하셔도 됩니다.

다양한 AI를 비교해 보고 싶은 분들에게는 Poe(https://poe.com)

AI가 만들어지는 속도는 어마어마합니다. 세계적인 기업들의 투자도 많은데다, API를 활용해서 응용 서비스 역시 아주 빠르게 만들어지기 때문이죠. 꼭 유료를 쓰지 않아도, 무료 도구로도 얼마든지 AI 경험을 할 수 있다는 뜻이기도 합니다.

그런데, 어떤 AI가 어떤 특징을 갖고 있는지, 일일이 사이트 가서 가입하고, 비교하는 게 쉬운 일은 아닙니다. 저도 Best AI Coach가 되기 위해 늘 새로운 AI 서비스를 모니터링하지만, 따라가는 게 쉽지 않더군요.

이럴 때는 망설이지 않고 Poe.com 사이트를 찾습니다. 모든 AI까진 아니어도, 수십 가지의 AI 모델을 바꿔가면서 사용해볼 수 있는 곳이지요. 특히 어떤 제품을 유료로 쓸까, 고민할 때는 2~3만원 가량의 돈을 투자하면 수십 가지의 모델로 글 작성, 이미지 생성도 해볼 수가 있습니다. 그래서 충분히 살펴본 다음에, 마음에 드는 AI 서비스를 별도로 유료 가입하곤 하죠.

AI를 많이 사용하지는 않지만, 이런 저런 AI 서비스를 조금씩 많이 다뤄보고 싶은 분들에게는 강력 추천하는 서비스입니다. 메타(옛날 회사명이 페이스북이었죠)의 라마(LlaMa) 모델은 웹서비스를 따로 제공하지 않기 때문에, Poe.com 같은 곳을 찾아야만 편하게 사용해볼 수 있다는 점도 강점입니다.

학교폭력에 대한 법적 조언자, AI 나눔이(https://www.nanumi.ai)

인공지능을 개발하다 보면, 어떤 분야에서 효과적일까,를 많이 논하게 되는데요, 많은 데이터가 있고, 잘 변하지 않으며, 패턴이 명확한 분야에서 쉽게, 빠르게, 강력하게 적용할 수 있습니다. 그 대표적인 분야가 법 분야이구요, 이를 '리걸 테크' 영역이라 따로 구분하기도 합니다.

이 분야에서 세계적인 기술력을 갖고 있는 한국 기업 '인텔리콘'이 개발한 AI 서비스 중에서, 학교 현장에서 빈번하게 발생하는 '학교폭력'과 관련된 서비스가 있어 소개합니다.

저도 아이들이 학교 다닐 때 학교 폭력에 대한 우려 때문에 학교 폭력위원회에서 활동을 해보기도 했습니다. 항상 문제는, 여러 사례에 법적으로 적절한 조언, 행동을 하는 게 생각보다 쉽지 않을거라는 걱정이 들더군요. 그래서 인텔리콘의 'AI 나눔이'이 아주 유용한 서비스라 생각되었습니다. 개발 과정에서 교사와 학생 간 신뢰 회복을 지원하는 것을 목표로 하였다고 하구요, 최신 학폭 사례와 판례 데이터를 바탕으로 하고 있는 만큼, 학교 현장에서의 고민을 많이 덜어주지 않을까 생각됩니다.

AI와 로봇을 이해하는 데 도움이 되는 책과 영화

추천 1) 아이 로봇 (소설, 영화)

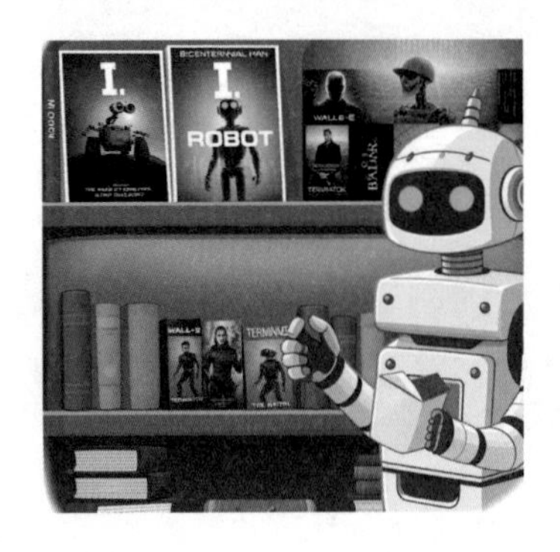

- 책 저자 : 아이작 아시모프
- 영화 정보 : 주연 윌 스미스, 감독 알렉스 프로야스
- 주요 내용 : '아이작 아시모프'가 제시한 로봇 3원칙을 기반으로 한 SF 영화.
- 추천 이유 : 로봇 3원칙과 로봇의 윤리, 로봇의 미래 등을 한꺼번에 볼 수 있는 작품성이 높은 영화. SF 소설을 좋아하는 학생이

라면, '아이작 아시모프'의 SF 소설 책을 다 읽어보기를 추천.

추천 2) 바이센테니얼 맨 (영화)

- 영화 정보 : 1999년, 감독 크리스 콜럼버스, 주연 로빈 윌리엄스
- 주요 내용 : 가사도우미 로봇 '앤드류'가 어느 날 감정을 갖기 시작하고 인간처럼 변화시켜 가면서, 200여 년 동안 결국 인간이 되려는 꿈을 향해 나아가는 과정.
- 추천 이유 : 인공지능과 로봇의 결합 과정에서 인간적인 감정, 생각의 기준이 무엇인지 고민해 볼 수 있고, 인간이 로봇화되어 가고, 로봇이 인간처럼 생각하고 행동할 때, 인간의 기준이 무엇인지를 고민해 볼 수 있는 영화.
- 비슷한 영화로 스티븐 스필버그 감독의 'A.I'라는 영화도 있음.

추천 3) 월.E (영화)

- 영화 정보 : 애니메이션, 감독 앤듀류 스탠튼
- 주요 내용 : 지구에 홀로 남겨진 쓰레기 수거 로봇 '월.E'가 홀로 지내면서 감정을 가지게 되고 이후 다른 로봇 '이브'와 만나면서

변화해가는 과정.

- 추천 이유 : 황폐해진 지구를 버리고 떠난 인간은 완전히 자동화된 세계 속에서 움직일 수조차 없는 상태로 게을러지다 다시 지구로 돌아와 살아가는 과정을 살펴볼 수 있음. 인간다움이 무엇인지 고찰해볼 수 있는 부분.

추천 4) 영화 터미네이터 1편 & 2편, 영화 매트릭스 1편, 2편

- 너무나 유명한 SF 영화. 특히 '디스토피아'를 그린 영화.
- 추천 이유 : AI와 로봇의 발달이 인류에게 미칠 수 있는 악영향을 살펴볼 수 있는 영화. 선생님과 함께 보기를 추천.